日本经典技能系列丛书

数控机床常识及操作技巧

(日) 齋藤二郎　著

姜晓娇　译

机械工业出版社

数控机床是现代制造业的关键设备，在很大程度上影响着装备制造业的发展。本书是一本关于数控机床结构、原理和程序编写的入门指导书。主要内容包括：数控机床的基本概念及特点、数控机床的主要结构及功能、数控装置、数控程序的编写和数控加工的实例。

本书可供数控机床操作工人入门培训使用。

"GINO BOOKS 14：NC KAKO NO TORANOMAKI"
written by JIRO SAITO
Copyright ⓒ Taiga Shuppan，1974
All rights reserved.
First published in Japan in 1974 by Taiga Shuppan，Tokyo
This Simplified Chinese edition is published by arrangement with Taiga Shuppan，Tokyo in care of Tuttle-Mori Agency，Inc.，Tokyo

图书在版编目（CIP）数据

数控机床常识及操作技巧/（日）齋藤二郎著；姜晓娇译. —北京：机械工业出版社，2009. 3（2023. 11 重印）
（日本经典技能系列丛书）
ISBN 978-7-111-26340-1

Ⅰ. 数…　Ⅱ. ①齋…②姜…　Ⅲ. 数控机床—操作　Ⅳ. TG659

中国版本图书馆 CIP 数据核字（2009）第 021614 号

机械工业出版社（北京市百万庄大街22 号　邮政编码100037）
策划编辑：王晓洁　王英杰　责任编辑：赵磊磊
版式设计：霍永明　　　　　责任校对：刘志文
封面设计：鞠　杨　　　　　责任印制：张　博
保定市中画美凯印刷有限公司印刷
2023 年 11 月第 1 版第 7 次印刷
182mm×206mm · 6. 833 印张 · 190 千字
标准书号：ISBN 978-7-111-26340-1
定价：35. 00 元

电话服务　　　　　　　　　网络服务
客服电话：010-88361066　　机 工 官 网：www.cmpbook.com
　　　　　010-88379833　　机 工 官 博：weibo.com/cmp1952
　　　　　010-68326294　　金 书 网：www.golden-book.com
封底无防伪标均为盗版　　　机工教育服务网：www.cmpedu.com

出版说明

　　为了吸收发达国家职业技能培训在教学内容和方式上的成功经验，我们引进了日本大河出版社的这套"技能系列丛书"，共 17 本。

　　该丛书主要针对实际生产的需要和疑难问题，通过大量操作实例、正反对比形象地介绍了每个领域最重要的知识和技能。该丛书为日本机电类的长期畅销图书，也是工人入门培训的经典用书，适合初级工人自学和培训，从 20 世纪 70 年代出版以来，已经多次再版。在翻译成中文时，我们力求保持原版图书的精华和风格，图书版式基本与原版图书一致，将涉及日本技术标准的部分按照中国的标准及习惯进行了适当改造，并按照中国现行标准、术语进行了注解，以方便中国读者阅读、使用。

目录

编写程序

关于 NC （续）

小结

现在 NC 这个词语已经被广泛使用了。与此同时，人们也增强了 NC 操作需要机械加工技术的意识。此外，NC 操作的技能测定考试也在开展。即使没有经验也可以从事 NC 操作的想法是不正确的。对机械加工技术充满自信的人应该尝试一下 NC 操作。

本书不仅介绍 NC 机床，也对 NC 操作程序进行了讲解，是一本从事 NC 操作必备的入门书。

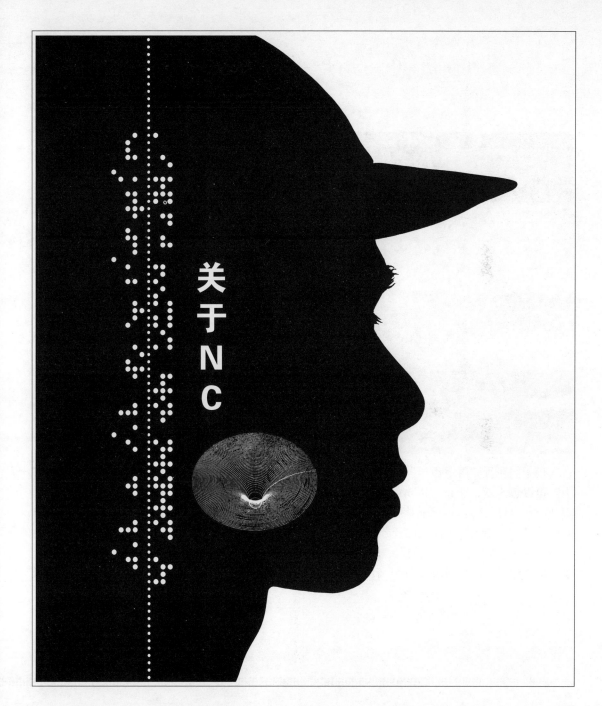

关于NC

孩子们在玩"猜拳迈步"的游戏。"石头"可以迈5步，"布"迈10步，"剪子"迈20步。最后，由迈在最前面的孩子获胜。此时，我们不仅仅是用"石头"、"剪子"、"布"来决定胜负，"石头"、"布"、"剪子"也是分别表示5、10、20的一种符号。

卖马人在进行交易的时候，将手伸进衣服的袖子里伸出手指来讨价还价。

这时，大拇指、食指和中指等各个手指可以定位为个、十、百、千……。

但是，这里没有表示负数的符号。

号

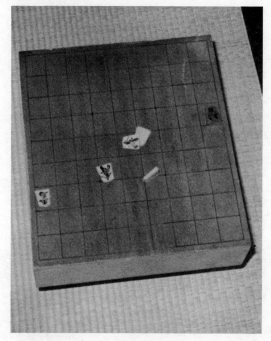

在象棋的进退游戏中加入了"+"、"−"的想法。

将 4 个棋子随意扔在棋盘上，正面的、反面的、正立的、倒立的和侧面倒的，都分别代表不同的数值，但是，如果棋子被扔出棋盘，或是两个棋子重叠，就要作为惩罚向反方向走。

在这个游戏中，除了有表示数值的符号，也有反方向倒退的负数的概念。

在象棋的进退游戏中向反方向倒退是惩罚的方法。但是，在铁路的上行、下行概念中，即使是朝负方向行进也并没有惩罚的意思。

比如说我们在乘坐中央线的时候，用"上行方向"、"下行方向"来表示，就会十分清楚了。

在今后的讲解中，我们不用上和下来区别表示，而用 + 方向、− 方向表示。

铁路与坐标

东京的秋叶原站位于京滨东北线与总武线的垂直交叉处。如要表示从秋叶原站到东京站，我们可以用"京滨东北线上行方向 2.0km"或是"京滨东北线上行方向第 2 个车站"。去往两国站的话，就是"总武线下行方向 1.9km"或者"总武线下行方向第 2 个站"。

模仿地图上的铁路线，我们在纸上画两条垂直相交的线。为了方便，我们将横向的线设为 X 轴，将纵向的线设为 Y 轴。两轴的交点为点 O，是原点，将其设为秋叶原站的位置。

在地图上用"京滨东北线上行方向 2.0km"来表示东京站、用"总武线下行方向 1.9km"来表示两国站十分明了，所以我们采取同样的方法用坐标轴上的 A、

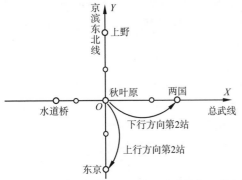

▲▶东京秋叶原站是两条路线相交点的点，是坐标的原点

隅田川

两国

B、C、D 四个点来分别表示。但是，在这里我们用 +、− 代替铁路的上行、下行来表示前进的方向。

这样，点 A 是"Y 轴 +25mm"的点；点 B 是"X 轴 +30mm"的点；点 C 是"Y 轴 −20mm"的点；点 D 是"X 轴 −40mm"的点。

在坐标轴 XY 中，为了明确表示 + 方向，我们可以标上箭头。

接下来，让我们来思考一下不在轴线上的点 P 的定义方法。点 P 与点 A 在同一水平线上，因此点 P 的 Y 方向的值与点 A 是相同的。也就是说，点 P 是"Y+25mm"。

而且，点 P 与点 D 是在同一垂直线上的。所以点 P 也是"X−40mm"。这样，点 P 可以表示为"X−40mm，Y+25mm"。

现在我们是用 mm 作为单位来表示长度，即使不写上这个单位也不会有什么关系，所以我们可以省略 mm。另外，表示数值的符号不是 + 就是 −，因此如果不是 − 的话就一定是 +。我们也可以省略 +，写成"X−40，Y25"。

点 P 的坐标是 P（−40，25）。

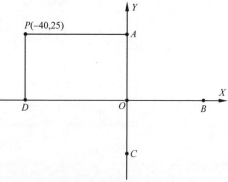

▲点 P 的坐标如何表示呢

9

图形的画法

● 画梯形

让我们用之前学过的词语来说明如何画梯形 ABCD。

1) 在 Y 轴上 35mm 处画一点，为点 A。

2) 以点 A 为起点，与 X 轴平行向负方向画 40mm 长的线，设那个点为点 C。以公式来表示的话，就是"X-40"。

3) 再以点 C 为新的起点，与 Y 轴平行向负方向画 35mm 长的线，那一点为点 D。将点 D 作为终点，用公式来表示就是"Y-35"。

4) 以点 D 为起点，向正方向画 70mm 长的线，可得"X70"，设终点为点 B。

5) 由点 B 向点 A 连线，应该是"X 轴负方向 30mm，Y 轴正方向 35mm"，用公式

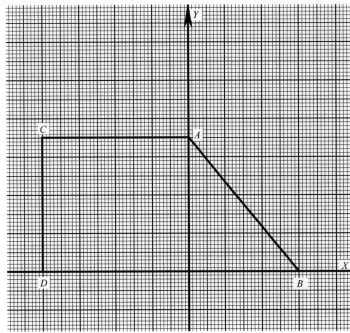

▲请思考此时 X、Y 轴的指令

● 写字

接下来试一下写字。

以方格纸上的点 P_1 为起点，请按下列指令移动你的笔。

① Y 轴正方向 30mm，为"Y30"。移动笔的速度适中就可以。如果这个操作是由机器来完成的话，就需要提前设定移动速度。

② 通常情况下，不管原点在哪里，只要知道 X 轴和 Y 轴的方向就不会有什么问题。在这里，我们与前例保持一致，将左右方向定为 X 轴，右为正方向；将上下方向定为 Y 轴，上为正方向。

③ 以现在画好的这个点为起点，"X 轴正方向 30mm，Y 轴负方向 30mm"，用公式来表示是"X30，Y-30"。将两点连接起来，应该是朝右侧的斜下方画一条斜线。

④ 最后以斜线的终点为起点画"Y30"。

⑤ 此时的画法应该是从起点出发，一次性完成画向终点的动作，再以这个终点为下一步骤新的起点。这样，像猜拳、迈步那样一步一步增加动作的方法称之为"增量方式"。

⑥ 再开始写下一个字。这次以点 P_2 为起点。我们先用公式来表示。

	X	Y
(1)	−5	5
(2)	−20	/
(3)	−5	−5
(4)	/	−20
(5)	5	−5
(6)	20	/
(7)	5	5

写出来的字是 NC，也就是 Numerical Control（数字控制）的简称。

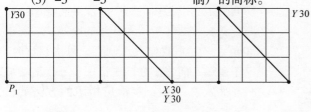

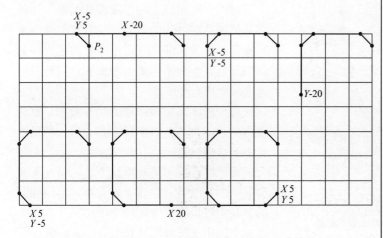

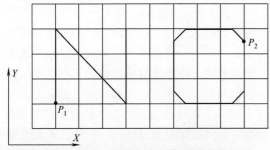

▲以 P_1、P_2 为起点，按照指令写出的文字是 NC。

来表示是"X–30，Y35"。

（6）相反，由点 A 向点 B 连线，应该是"X30，Y–35"。

●画图

使用 0.1mm 的方格纸，或者可能的话使用 0.01mm 的方格纸，按照精密的指令画线可以流畅地画出米老鼠的图案（请参照第 20 页）。

但是，使用 0.01mm 方格纸时，因为方格数是 100 个，所以画 1mm 应该是"X 100"。如果是 Y 轴负方向 123mm 的话，应该是"Y–12300"。

▲按照精密的 X、Y 方向指令通过绘图仪画出来的米老鼠图案

11

尺寸的标记方法

▲神田淡路町 1-13 的黑点处为大河出版社

只要对出租车司机说"千代田区神田淡路町 1-13",我们就能够到达目的地。即使不作区划整理,这个地方也是绝对存在着的。这种指示目的地的方法可以说是"绝对指令方式"。但是,前提是出租车司机必须对这一带的地理位置很熟悉。

如果司机此时正在神田站站前,去淡路町 1-13 的话,就可以马上判断出应该往哪个方向走。

但是,如果是外地来的出租车就不会这样容易了。因为司机脑中并没装有地图。这时,就要由乘客来解释开车的路线。"向东 50m"、"然后再向北 150m",每次拐弯时,向东多远,向北多远,这样一步一步地增加行车距离。一步一步给出指示的方法就是"增量方式"。

当司机开始载下一个乘客的时候,如果还是使用这种方法的话,也就是说还是由乘客来解释路线,那么只需把现在的地点作为新的起点,而并不需要去考虑和计算行驶的方向和距离。

对于机床加工用图样的尺寸测量,有两种方法,一种是绝对坐标方式,另一种是增量方式(相对坐标)。

在图样上使用绝对坐标方式的情况下也会有一个基准点。但这个点并不一定是固定的,我们可以为了方便读取图样尺寸或是为了加工操作便利而将某个点作为基准点。

图 1 所示的传动轴是以一个端面为基准的。如果这样标上尺寸的话,对安装有绝对坐标方式 NC 装置的 NC 车床来说加工起来更加方便。像上述的搭乘出租车的例子,乘客说向东多少米,向北多少米,如果是对那一带地形很熟悉的司机,也许会说乘客太啰嗦,让他直接说出目的地,因为这样对司机来说更方便。

如果我们将图 2 所示的齿轮箱罩图样的尺寸线以左下方的面为基准，用绝对坐标方式标上尺寸的话，图样尺寸就会很难辨认。所以，在为齿轮箱罩这样的零件标记尺寸时，我们可以使用逐步（相对）表述尺寸关系的增量方式。

铣床、钻床、镗床等所使用的 NC 装置大多是增量方式，这是因为和图 2 所示的零件一样，这些机型所要加工零件的图样很复杂，使用绝对坐标方式无法表示清楚。

目前为止，我们基本上都是使用已经做好的图样来进行 NC 加工。所以，对基本以增量方式标记图样尺寸的零件进行加工的机床都装有增量方式的 NC 装置，对以绝对坐标方式标记图样尺寸的零件进行加工的机床都装有绝对坐标方式的 NC 装置。

此外对于有些零件，其图样是使用两种方式来标记尺寸的，对此类零件进行操作的机床会装有控制选择绝对坐标方式或增量方式的 NC 装置。车床就是一个例子。

今后，如果 NC 越来越成为优势主导的话，就需要与便利的装置相结合来标记尺寸。

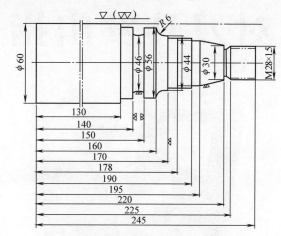

图 1　绝对坐标方式

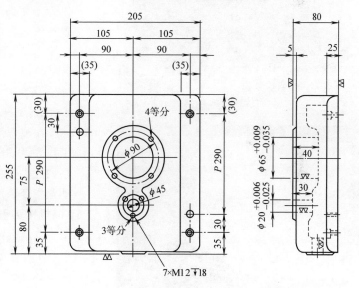

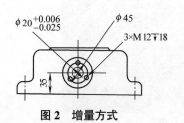

图 2　增量方式

对刀具发出指令

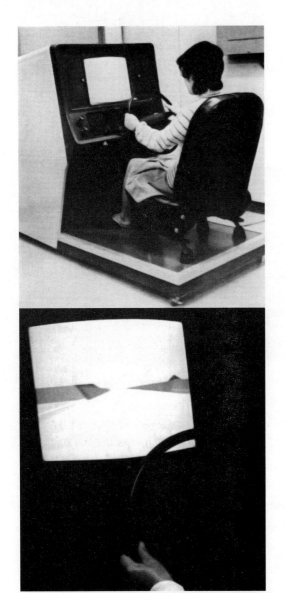

▲对停止的汽车发出指令，景色（画面）开始移动

最近几年，每年都会有 15000 人左右死于交通事故，这是非常可怕的事情。希望那些没有熟练掌握驾驶操作的人能够使用模拟驾驶装置勤于练习。

这种运用模拟驾驶装置进行的驾驶练习，虽然驾驶操作（对车发出的指令）与普通驾驶是一致的，但是由于移动的不是车体而是景色，所以对于初学者来说很安全，而且可以练习高难度的驾驶技术。使用模拟驾驶装置对汽车发出命令的话，环境画面就会相应地快速或慢速移动。

使用车床切削工件时，将工件固定在某处使其旋转，移动车刀就可以了。要切削从 A 到 B 部分的话，只需将车刀从 A 移动到 B。

在模拟驾驶装置中，对停止的汽车发出了指令，周围的环境也就随之改变。机床也是如此。如果对停止在某处的刀具发出"移动"指令，那么不仅刀具本身，刀具的周围（以机床为例的话，就是机床的工作台和刀架）也会运转起来。

举一个铣床的例子。实际上，对于固定在机床主机上不转动的主轴（刀具）来说，"X-12300 F1 CR"是向其发出了移动 123mm 的指令。这样，主轴停在原来的位置，工作台朝主轴的方向移动 123mm，结果也就等于主轴负方向移动了 123mm。

我们可以这样来理解，运转 NC 机床时，真正转动的是刀具，而并非是机床。在上述指令中，CR 是为了区分两个指令所使用的符号。

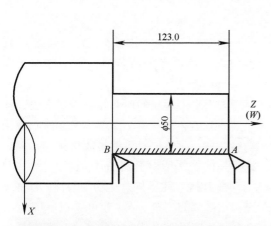

▲图中车刀的进给是"W-12300 F0030"

▲车床的工具是按照对其发出的指令来移动的

▲虽然铣床的工作台移动了，但是移动指令是对主轴（工具）发出的

脉冲式电动机

クリコ

30円

▲这种输入、输出功率的关系与脉冲式电动机相同

▲这种输入、输出功率的关系与普通电动机相同

据说吃一粒格力高糖果可以跑300m。这说明在一粒格力高糖果中包含了能使人跑300m的能量。

大力水手是我们所熟知的卡通人物，他只要一吃菠菜力气就会变得很大。所吃菠菜的量与所产生的力气虽然是成比例的，但是这是一种并没有明确区分的连续量。

格力高与此不同，它分成1粒、2粒，是可以计数的。如果吃1粒可以跑300m，那么要跑1200m吃4粒就可以了。但是，格力高是以1粒为单位，不可能有尾数，不会有1.03粒这样的数，1的后面紧跟着2，2的后面是3，…，是这样断断续续的整数。

家庭用电是连续不断地输入进来的，水管的水也是一样。即它们都是连续量。电风扇等电器的电动机就是依靠这种连续输入进来的电能而运转的。

但是，即使是同样的电动机，也有的是像格力高1粒、1粒那样，使用非连续的脉搏跳动式的电能来运转。

NC有时就使用这种电动机。因为是电力，所以我们不能像格力高糖果那样说成1粒、2粒，我们使用脉冲这个概念。

1脉冲、2脉冲的电都是非常小的电量，不会像1粒格力高能跑300m那样。如果换成运转机器，1脉冲至多只能移动0.01mm。

人们吃下的食物需要经过胃的消化，如果吃得太多就会消化不良。但是，电能不管输入多少都不用担心会出问题。1s输入的脉冲数只要小于16 000都没有关系。

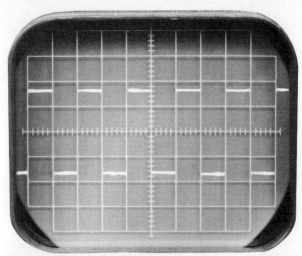

▲ 在示波器上观察脉冲式电动机的脉冲

▲ 电脉冲式电动机的外观

模拟与数字

▲水车通过模拟量来转动

上图所示是近年来越来越少见的水车。水通过引水筒流到吊桶里，待吊桶里的水盛满后，水车就可以转起来了。水是从上流连续流下来的。像水流、压力这样连续的量我们称为"模拟量"。

假设上流的水源干涸，我们必须从井里打水，再将水倒进吊桶里，这样也能使水车转动。

如果水车有 80 个叶轮的话，用 80 桶水就可以使水车转动一周。320 桶水可以使水车转动 4 周，如果想要使水车转动 1/4 周的话，就需要 20 桶水。

通过这个例子我们可以知道，即使运转的原动力——水是不连续的，水车也能转动。关于转动速度，如果能够在短时间（正确说法是单位时间）内把水装满，水车就会转得快一些。

水车与电动机的原理非常相似。用一桶一桶打来的水使水车转动，同样也可以用分段传输的电来使电动机运转。我们把这种电动机称为脉冲式电动机。

脉冲流动的速度叫做周波数，或脉冲速度、脉冲密度。

当我们身体不适时，可以测体温，或者测脉搏数来检验脉搏是正常还是跳得多一些。我们把像脉搏这样短时间内突变的波动称为"脉冲"。

也许会因人而异，但早上睁开眼躺在床上时测的脉搏数都应该是小于 60 的。运动时，尤其是剧烈运动后的脉搏数可以达到110 至 120。这种上升的变化，我们称之为周波数增多，脉冲速度加快或脉冲密度增大。不过，人们测量脉搏是以 1min 为单位的，而电是以 1s 为单位来计算脉冲数的。也就是说，要使 NC 机床快速运转，所需要的脉冲数 1s 可以是 8000 个。

普通的钟表是以指针的移动来标记时间的。由于指针是连续移动的，所以，我们可以把时间看成是一种模拟量。

此外，还有一种数字表，在 1min 内它的显示数字是不变的。也就是说它的计时方法是断续的，是以1个、2个来计数的。我们把这种离散的量叫做数字量。

当然，我们看表来确定时间的时候，数字表更简单一些。

这种数字方法在 NC 领域是非常重要的处理数量的方法。通过数字方法来处理机器的运转量等十分方便。

模拟

我们把类似水流、压力的连续量称作"模拟（analogue）"，使用这种方法来处理的对象就是"模拟量"。

▲消防水带中的水变成了水柱，是连续的，很明显它属于模拟量

▲秒针的时刻乍看上去像是数字计时，但是秒针、分钟都是连续不断地移动着的，所以这种钟表的计时方法也是一种模拟量

数字

断续的、离散的量就是"数字量"。

▲数字表，以每分钟为单位来表示

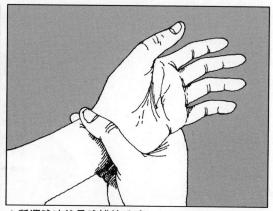

▲所谓脉冲就是脉搏的跳动

微小的单位

左边这幅女孩的图片是在电脑上画出来的。从微观上来看，直线部分、曲线部分都是一点一点打出来的铅字的组合。

铅字是组成这幅画的基本要素，我们可以看到上面有很多种铅字，但这并没有什么特殊的含义。只是因为使用一模一样的铅字会减少趣味性，所以编程人员就设定了多种铅字。在这里，我们想要探讨的问题是，整幅画是由一个一个小铅字构成的。虽然这些

```
          0 0         * * *                      ,
            0          * *                        ,
*                      * *                         ,
* * * * * * * * *      * *                          ,
* * * * * * * * * * * * *  *                        ,
          * * * * * * * * * *                       ,
                       * * * *                      ,
                                                    ,
                                                    ,
                                                   ,
                                                  ,
  , , , , , , , , , , , , , , , ,                ,
( ( ( ( (            * *  , , , , ,  ,
( ( (                * * * * *
( * * * * * * * * * * * * *
* * * * * * * * * * * *
* * * * * * * * * * *
* * * * * * * * * *
* * * * * * * * * *
* * * * * * * *
* * * * * * *
* * * *
```

◀▲ 用原尺寸大小显示左图中的一部分，如上图所示，是打印的铅字的组合

铅字很小，而且即使它们之间都是断开的，但看上去却是连续的。

太阳射出的光可能被认为是最连续的事物，我们无法说明太阳光是由小颗粒组成的。但也许太阳光如果不是连续的，就是分散的粒子。

阳光粒子的话题有点远了，我们再回到画线的问题上。在某种程度上，乍一看是一条连续的斜线、弧线，也并不一定必须是由连续的线素才能画成的。这可以说是 NC 加工的基础。

比如，在 1mm 的方格纸上画半径为 50mm 的 1/4 圆，将弧线经过的小格涂满。这样也能画出圆弧的形状。由此我们知道，只要将单位量缩小，即使是圆这样的曲线也能用直线线素画出来。

机床都是使用只能直角移动的进给丝杠，如果要切削斜线和弧线，就不会做得很完美。图中的 1/4 圆，如果我们离得远一些，再把眼睛眯起来看的话，才能看出是条弧线。

格子太小画起来会很费力，所以刚才我们是以 1mm 的格子为单位来涂画的。但是，如果是 0.1mm、0.01mm 的格子的话，画出的图就会更接近实物。NC 就是致力于缩小单位，从而使其与实物相差无几。

运用数字控制运转机床时，发出移动 10mm、移动 123mm 之类的指令，根据单位长度不同所得到的结果也是不一样的。

移动 10mm，如果是 5mm 的单位就需要移动两次，如果是 1mm 的单位就需要移动 10 次，两种情况的结果相同。但是移动 123mm，如果单位长度是 1mm，直接移动 123 次就可以了；单位长度是 5mm 的话，移动 24 次是 120mm，还差一些，移动 25 次是 125mm，又多了一些。可单位量必须是整数，所以我们不可能取 24 和 25 的中间值。

为了尽量减少这种误差，我们缩小单位长度、单位量。在数字控制的情况下，一般采取 1/1000mm（0.001mm）单位。

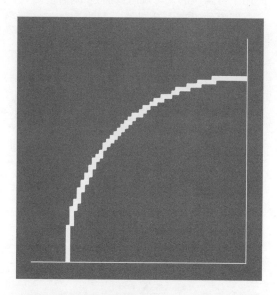

▲在 1mm 方格纸上画半径为 50mm 的 1/4 圆，只需要将曲线经过的格子涂满即可

给纸带打孔

下面的图片所示是东京高田马场的附近。请看人行道，路面上凸起的部分一直朝远处延伸下去。

这是为视障人士从车站通往附近的盲文图书馆所设置的专用路。图片所示 T 字交叉处与其他凸起部分不同，这是告诉那些视障人士在这里可以拐弯。

都是凸点却又略微不同，这就是盲文的特点。由凸起的圆点组合起来，可以作为表示文字和数字的符号。盲文可以表达一些较难的词汇，是一种能够准确传达信息的手段。不过，这种表达方法对于非视障人士或是不能用手指触摸的人来说就没有这个作用了。

同样的道理，孔眼组合起来也能够表示文字和数字。与盲文不同，在卡片、纸带上打孔作为代码使用时，孔眼要排成一行。

即使是相同的孔眼（一行上有一个孔眼），孔眼所在位置不同，表达的意思就不同。我们看一下 EIA 码的例子。

第 1 孔道穿孔　　　数字 1
第 2 孔道穿孔　　　数字 2
第 3 孔道穿孔　　　数字 4
第 4 孔道穿孔　　　数字 8
第 5 孔道穿孔　　　空格
第 6 孔道穿孔　　　数字 0
第 7 孔道穿孔　　　符号—
第 8 孔道穿孔　　　符号 CR
第 5 孔道是奇偶校验孔道。

作为参考，我们来看一张计算机用卡片。这张卡片发出了读取数据的命令（用语是

▲视障人士专用道是凸起的

▲盲文用凸点组合来表示文字

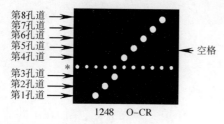

第8孔道
第7孔道
第6孔道
第5孔道
第4孔道
　　　　空格
　＊
第3孔道
第2孔道
第1孔道

1248　O-CR

▲一行有一个穿孔时的含义

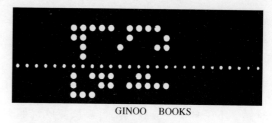

GINOO　BOOKS

▲这个纸带的含义是技能丛书

FORTRAN）。

　　从第 5 个装置开始，IX、Y、Z、U、…向计算机发出命令。因为这张卡片是计算机专用的，所以计算机能够准确读取。单单这些穿孔对于人们来说是很难理解其意思的，所以在上面附有其内容含义。

　　第一个词是 READ，1 个字母用竖着排列的 12 个穿孔的组合来表示。R 是用 11—9 来表示，即上方栏外第 11 行处和第 9 行处的穿孔。同样，12—5 表示 E，12—1 表示 A，12—4 表示 D。为了易懂，我们用了卡片来举例说明。纸带是用 8 列穿孔来表示文字、

数字、记号。其中第 8 列是 CR 孔，第 5 列要空出来。所以认为是 6 列穿孔的组合也是可以的。

　　如果是 1 列穿孔，那么就只有"有孔"和"无孔"两种情况。如果是 2 列穿孔，就有 4 种组合，即"○○"、"●○"、"○●"、"●●"。即使除去无孔的情况，也还剩下 3 种组合，能传递 3 种信息。这样，如果增加穿孔的列数，穿孔的组合就会 2 倍、2 倍地增加，可以传递的信息也会成倍增长。虽然只是简单地不断给纸带打孔，却包含了各种各样的信息。

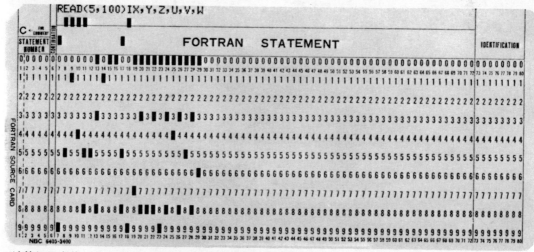

▲计算机用卡片（FORTRAN）用 **12** 处穿孔的排列来表示文字

NC 的形式

当把一首曲子录到录音带后，不论什么时候，不论多少次，我们都可以反复欣赏那首曲子。这是因为曲子已经被记忆在录音带这个媒介上了。

但是，立体声录音带分为 2 频道方式、4 频道方式或 4 光轨方式、8 光轨方式等，有很多种录音、重放形式，并非只要有了录音带使用任何装置就都能听到。

与立体声录音带的例子相似，运转 NC 机床时，有很多种形式（格式）和代码，虽然都只是在纸带上打孔，但并不是所有的装置都能通用的。

首先来看一下代码。代码就是原来的密码。理所当然，每个密码都是不同的。如果日本政府使用的密码与美国政府使用的相同，那就不能称为密码了。为了使本国机密不被他国窃取，每个国家都致力于制作自己的密码。

同样是表示数字 1，相信在不同的国家会用不同的密码来表示。但是，NC 所使用的记号（代码）没有必要成为机密，容易记的话会更方便。因此，我们应把 NC 的代码制作得简单一些。

我们平常使用的代码有 EIA 码（Electronic Industries Association）和 ISO 码（International Organization for Standardization）两种。

用纸带表示一个字或记号时，我们可以在纸带上打孔，通过穿孔数以及穿孔的位置来表示。EIA 码的穿孔数是奇数，ISO 码的穿孔数是偶数。

例如，表示 1 这个数字时，EIA 码用一个穿孔，ISO 码用 4 个穿孔，两者之间可以没有任何关系。

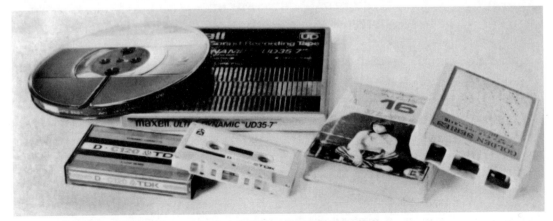

▲立体声录音带有 2 光轨录音带、4 光轨盒式录音带、8 光轨盒式录音带等

其次，输入纸带的指令使用字母、数字排列成的语言。像 N123、X4567、M09 等语言的顺序和排列方式等格式都是有规则的。

上述例子中的 X4567 就是一种遵循某种形式的表示方法，我们称之为语言地址。在数值的开头必须要加上 X、M 之类的地址。

如果准确无误地设置了数值及其顺序、长度，那么即使没有将 N、G、X、F、S、T、M 等放在开头，NC 装置读取语言时也会把 N、G、X、F、S、T、M 放在前面，以这样的顺序来读取。

但是，这种方式的不便之处是，为了使数值的长度固定，要在前面多加一个 0。

还有另外一种 NC 的形式，就是用必要的数值来表示长度就可以了，所以要在 N、G、X 的分界处做上清楚的标记。

TAB 循序就是这种形式。

但是，即使这样，如果把输入数值的顺序弄错了也会变得很麻烦。与上例中提到的（N123 X4567）意思相同的是（123TAB 4567TAB），如果将顺序弄反，变成（4567TAB 123TAB）后机床也运转了的话，本来应该是 X 方向移动 45.67mm，就很容易变成移动 1.23mm。

然而，（N123 X4567）式的语言地址方式出现错误的机率很小，而且一点点的语言顺序颠倒也是允许的。

对于这种与词语排列顺序相关的形式，如果形式不同的话是不被其他装置识别的。

人们的血液也分为 4 种类型，如果血型不符是会与身体相排斥的。即使掺入哪怕是很少的其他血型的血，身体也会产生剧烈的不适反应。

机床分为钻床、车床、铣床等多种机型，每个机型又有各自不同的功能。因此，各机型的 NC 装置为完成相应的操作也都有各自的功能。这样，NC 装置也就有很多种形式。

例如能正确地实现从一点到另一点移动的定位控制装置、在移动过程中进行切削的直线切削控制装置，或者是从一点移动到另一点，可以自由倾斜、沿着圆弧移动且能够在移动过程中切削的轮廓切削控制装置等。

从事简单操作的装置用语很简单，处理复杂操作的装置用语就很复杂，也就是说，语言也有很多种形式。

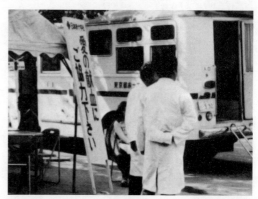

▲与血型一样，NC 装置的类型不符合就不被接受

纸带的读取

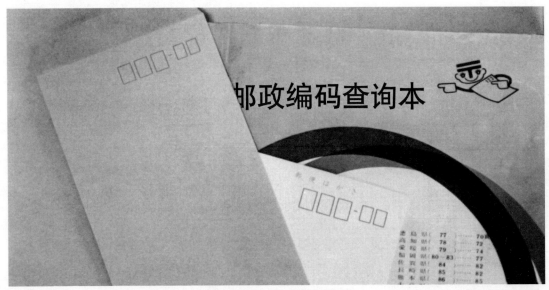

▲邮编制度：为了让机器准确识别，请将邮编号码工整地填写在框内

对于代替人们工作的机器来说，最重要的当然就是自动控制。这样，人们才可以更好地享受生活，才有更多的时间去做只有人才能做的工作。

我们在信件上填写邮编，再由工作人员通过这个代码获得此信件的发送区域的信息。识别邮编来确定发送区域这个工作由人来做即可以完成，那么若由机器来完成呢。为了使机器识别邮编号码，这就需要我们在填写时，不能把字写得太乱、太小，也不能太大而填到框外。

譬如，以温泉而著称的热海市的邮编是413。数字更大的是山形县的999。现在已经

▲数字 4 的五种写法

排到了 999-85。机器读取时，去掉连字符后分别从前往后读取 5 个数字。热海市邮编的第一个数字是 4，要从 0 到 9 这 10 个数字中使机器识别出 4 这个操作时，假设写 4 有 5 种写法（如图所示），那么到判定是 4 为止需要识别 50（10×5）次。

在学校的体检中有色盲检查这一项。所谓色盲检查，就是由颜色相同而明度不同的色点排列成数字或图形来让人们辨认。正常

人很容易辨认出数字或图形，色盲患者由于无法区别字的轮廓与周边的界限而不能辨认，有的甚至不能看出上面写着字。

通过色盲检查与邮编号码的例子，我们可以知道读取事物需要两个必备要素：①将要读取的事物与周围区别开来；②辨认能力，例如能够辨认出是4而不是0、1、2、3、5、6、7、8、9。不能满足以上两点是无法进行读取操作的。

读取 NC 纸带时，对应以上两个要素我们来分析一下读错的情况。第一，纸带只有有孔和无孔两种情况，因此很好辨别。而色盲检查虽说是同一种颜色，却又分为深色、浅色、明色、暗色，而且颜色之间的变化也很不清晰。

有孔情况下的读取方法有触摸式的机械法和透光法两种。

第二，我们说过辨别邮编号码的数字4需要50次辨认（假设数字4的写法有5种），如果我们对4这个数字的字体、大小作个规定，那么判断从0到9这10个数字中哪个是正确的，就只需要作10次判断。检验的精确度也会提高。

关于 NC 纸带，对纸带的幅宽、厚度、穿孔的位置、穿孔的大小都有非常严格的规定。所以，从10种数字中辨别出4这样的操作在有 NC 纸带的情况下是完全不需要的。

总之，我们只需作出纸带上有孔无孔的判断就可以进行下一步工作了。

也就是说，不管是机械读法还是透光读法，无孔为0，有孔为1，只需读取是0还是1就可以了。这是一项十分简单、不会产生任何问题的操作。假设0的时候切断电源，1的时候接通电源，那么纸带上0和1的信号就能够通过开关的 OFF、ON 转变成电流，向远处发送切断或接通电源的信息。

我们在第23页已经说明，纸带的穿孔根据它的位置来决定位数。按照纸带的前进方向从左往右依次为1、2、4、8、…。表示3时从左起打2个孔（在第1、第2孔道上），即 1+2=3。

此外，在读纸带的瞬间，并不是读取3，只需读取纸带有孔无孔就可以了。所以，读取纸带时，只读取（00000011），1+2=3的计算过程在按下开关后已经在 NC 装置中完成了，然后我们就知道是3了。

▲前进方向（纸带上印有箭头标志）的左端为第1位

模拟量的转换

数字表显示时间的方法是断续的、离散的，以每分钟为单位。同样是断续地表示，电视节目的播放是以每秒为单位的，或者是每0.1s。

数字表显示 13:23 时，不论是大人还是小孩都能够正确读出此时的时间是13点23分，而如果是指针式钟表的话，小孩也许不能像大人那样正确地读出时间。

与此相似的是机床加工。在进行凸轮的仿形加工时，凸轮模具的形状是一种连续量，这种连续量（模拟量）成为仿形加工的指令值。

在进行仿形加工时，我们使用描绘器的描画针来读取模拟量。通过钟表的例子我们可以知道，要正确读取模拟量需要很多复杂的条件。

将凸轮板切割成直线图表的形状，每条直线的高度单位设置成1mm或0.1mm，甚至是0.01mm的几倍等，用没有零数的整数值表示（即转换成数字量），并将这个整数值作为指令值使用。比如，转换成（Y12345 F1 C R）。

到这里准备工作就做好了，可以说读取模拟量所需的复杂条件已经具备了。只要读取用数值表示的量就可以了。

我们说尽量由熟练的操作人员进行NC加工，指的是准备工作做好之后如何使用数据。

从直线图表上切下凸轮板，再测量直线图表的高度，将其作为NC的指令值。实际上我们也可以省略这个中间的步骤，而从模具那里直接获得信号，驱动脉冲式电动机，进行仿形加工。

▲仿形加工就是模拟量（模具）→模拟量（工件）

① 在 NC 机床中必须将模拟量转换成数字量。这个凸轮板的曲线是模拟量，我们要将它……

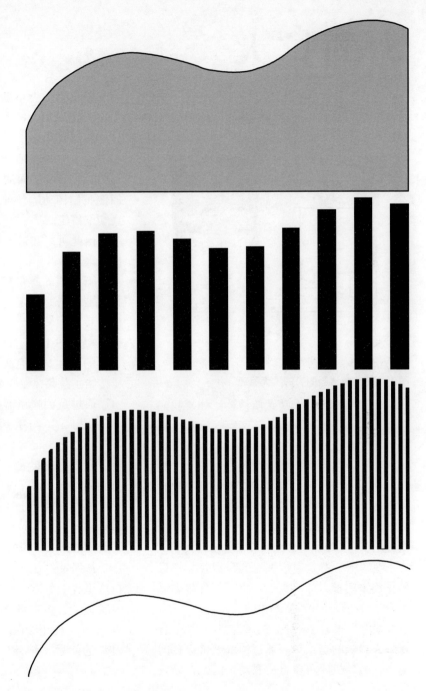

② 我们将它转换成了数字量，不过还不够精确细致……

③ 将数字量划分得更细了，这样就和图①中凸轮板的曲线很接近了。如果再细致一些的话……

④ 就变成了完全相同的曲线。

力的扩大

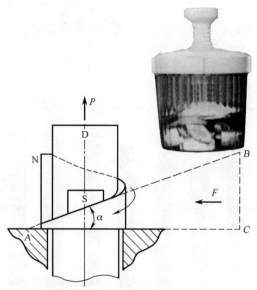

图1 蔬菜腌渍器的力的扩大原理

上面的图片是个蔬菜腌渍器。如果我们转动上面的手柄，就会压挤蔬菜。这和上面压着石头的效果是一样的。

将手压在台秤上，正常用力，显示的是7kg，这大概就是我们转动蔬菜腌渍器手柄时所施加力的大小。假设用石头压蔬菜也是这样大小的力的话，那么手施加的力（输入力）转换成压挤力（输出力）的过程中付出太大了。

蔬菜腌渍器是通过螺钉的公螺纹与螺母的作用来实现力的扩大的。手柄部分与螺钉部分之间的直径比可影响力的扩大。

我们再来看一下 NC 机床的情况。NC 装置最先接触的是纸带。通过读取纸带穿孔的电力信号，机床可以自由驱动，因此，输入力与输出力的大小是相差很大的。在这个过程中会实现力的扩大。而完成这个操作的部分称作伺服系统。

图1中，螺钉 D 包含了公螺纹的一部分 S。将螺母 N 平面展开成直角三角形 ABC。即使我们转动螺母 N、插入 ABC，螺钉 D 都会朝上挤压。

由此可以知道，转动螺母 N 和向螺钉里插入楔子会产生同样的效果。

腌渍器的螺母随着盖子的转动而转动，腌渍器本身是固定的，公螺纹的螺钉随着手柄的转动而转动，就是以这种直动运动来压挤蔬菜。图1所示是以 $P=F\cot\alpha$ 的形式完成了力的扩大。人们通过劳动获得的能量就这样传给了蔬菜，在这个过程中扩大了力。

通过蔬菜腌渍器螺钉的平均直径（实物大概是 $\phi27$）与手柄的直径（实物大概是 $\phi50$）之比，很容易就产生了巨大的回转力矩，完成力的扩大。因为回转力矩是作用力与旋转半径的乘积，因此其大小是固定的。图1中力 F 就是上述插入楔子所用的力，但那个力不是 7N，而应该是 $7N \times 50/27 \approx 3N$。以此为根据求 P 值的话，

$P=F\cot\alpha \approx 13N \times \cot12° = 13N \times 4.7 \approx 60N$。在这里我们忽略了螺钉的摩擦，实际上摩擦因数很大，效率低，P 值也许低于 20N。在NC 机床上使用滚珠丝杠时也存在着上述摩擦因数的问题，但此时的效率很高，可达到 90% ~ 95%。

能够将旋转运动转化成直线运动，并且能够获得巨大的力，这样的动物有千里马。傍晚，大家要把捕鱼归来的渔船拽上岸时，给马的上身缠上绳子，然后大家再一起拉着马向前，便可将船拉上岸。

我们可以想到，是"力的扩大"原理使千里马发挥出这么大的力的。

缠在马身上的绳子的另一端由一个人拿在手里，一拉绳子，绳子就会缠紧马身，从而把几个人的力传给绳子再使船移动。如果放开绳子的话，绳子就会从马身上松开，人们的力就不会传递给绳子，船也就停止不动了。这样，船能否移动是由拿着绳子一端的人的意志来决定的。

在古埃及，为了建造狮身人面像和金字塔，使用大量的奴隶从远处运来石头。我们可以推测马匹在这里起了很大的作用。

工头手里拿着绳子的一端，根据他的意志，奴隶们拽拉大石或停下来。

工头拉绳子，就是"输入力"的信号。输入力通过接受从外界传递过来的能量，转化成能使大石移动的巨大的"输出力"。

在有的装置中，输入力转换成相同比例的输出力，并从外界获得能量。这种通过很小的输入力能够获得很大输出力的装置就是"伺服系统"。

在 NC 装置中，根据由 NC 纸带获得的输入力信号来运转伺服电动机，实现力的扩大。然后，机床按照信号运转。

据说，伺服这个词语的语源是希腊语的奴隶一词。

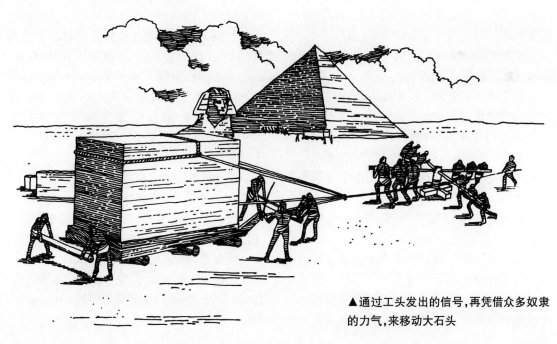

▲通过工头发出的信号，再凭借众多奴隶的力气，来移动大石头

编写程序

图中所示的原材料是 150mm × 100mm × 20mm 的铸件板。现在，用立铣刀对其进行沟槽加工。不管是用 NC 机床加工，还是用普通的通用机床加工，在机床加工这一点上是完全相同的。

这里，我们对利用通用立式铣床加工时的操作顺序进行说明。

首先，将铣床的工作台表面擦拭干净，将原材料夹紧在工作台上。因为必须使原材料较长的边与加工沟槽相平行，所以在夹紧之前，应当考虑到工作台的移动，检查原材料的方向，之后再将其固定在工作台上。

若原材料的形状不规整以致无法固定在工作台上时，需要重新选择夹紧方式或者夹紧工具。

在此之前的操作，用 NC 机床加工比用通用机床加工更需要细致周到。

除了需要决定夹紧方式和夹紧工具以外，还要决定使用刀具和加工条件。通过刀具和原材料的材质来决定切削条件和主轴转速。使用 NC 机床的话，有时可以利用功能 S 来自动选择转速，也有必须由操作人员手动操作的情况。

离合器的手动操作等与通用机床完全相同。

要开始切削，就必须使主轴正转，切削停止后主轴停止旋转。对于这个操作，使用 NC 机床和通用机床是完全一样的，所以有这个必要。不同的只是是否需要操作人员亲自

动手操作。使用 NC 机床时，需要利用纸带在适当的时候发出这些指令。

切削开始后，将正在旋转的刀具插入原材料。在插入之前主轴必须是正转着的。也就是说，在发出"插入刀具"的指令之前，必须发送使主轴正转的指令（M03）。

因此，首先使主轴正转处于 ON 的状态，然后才能将刀具插入原材料。即使可以插入，那么是从右侧插入还是从左侧插入呢？在我们举的这个例子中，若使用通用机床，那么是否从上面插入决定了使用哪种操作摇柄。若使用 NC 机床，图中已画好了坐标轴，立铣刀向 Z 的负方向前进。

立铣刀底刃的加工位置在原材料上方正好 100mm 处，应加工沟槽的深度为 5mm，因此，必须使立铣刀向下移动 105mm。通用机床需要操作人员边看机床的刻度盘边操作，而 NC 机床只需事先将"主轴向下 105mm"的指令代码化，即"Z—10500"输入到纸带上，就可以自动运行了。

操作人员运用摇柄插入刀具时，要一边注意切削状态一边设置插入速度。而使用 NC 机床时，确定切削条件的同时也确定了进给速度，一起将它们预先输入到了纸带上。例如，此时适当的进给速度为 120mm/min，与上述的 Z 指令一起，成为"Z—10500 F0120 *"。10500 代表 105mm，是因为指令以 0.01mm 为单位。

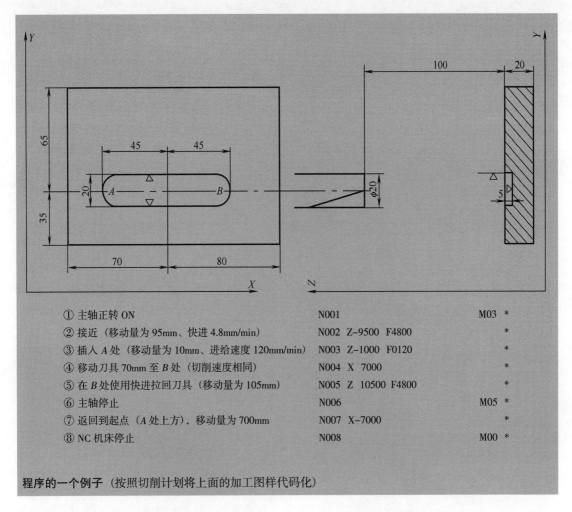

① 主轴正转 ON	N001	M03 *
② 接近（移动量为 95mm、快进 4.8mm/min）	N002 Z−9500 F4800	*
③ 插入 A 处（移动量为 10mm、进给速度 120mm/min）	N003 Z−1000 F0120	*
④ 移动刀具 70mm 至 B 处（切削速度相同）	N004 X 7000	*
⑤ 在 B 处使用快进拉回刀具（移动量为 105mm）	N005 Z 10500 F4800	*
⑥ 主轴停止	N006	M05 *
⑦ 返回到起点（A 处上方），移动量为 700mm	N007 X−7000	*
⑧ NC 机床停止	N008	M00 *

程序的一个例子（按照切削计划将上面的加工图样代码化）

大家在将立铣刀插入原材料时，在远离 100mm 以上的地方开始进给切削，是不是让刀具慢慢地靠近呢？有的也许是在接近原材料之前一直用较快的速度，等到马上开始切削时，才想到慢慢地进给切削。

我们把 105mm 分成 95mm 和 10mm，先快速接近 95mm，再进给切削 10mm。这个指令就是图中所示程序中的 N002 和 N003。

运用通用机床进行零件加工时，那些必须操作的内容当然也是 NC 机床操作时所必须进行的。应该预先输入到纸带上。

将这些内容做成指令的形式，整理出一连串的命令，确定夹紧工具、刀具、切削顺序、切削条件，所有这些都是"编程"的内容。

而做出来的就是"程序"。

33

NC 机床

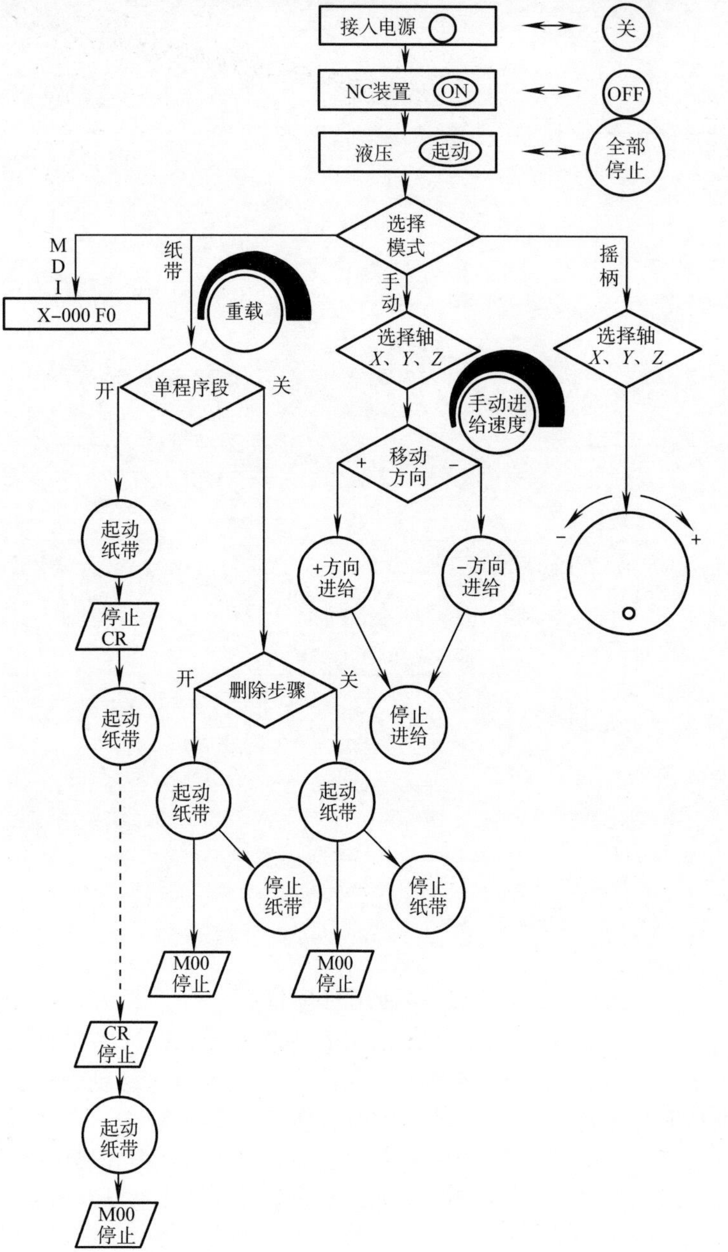

让我们通过流程图来学习 NC 机床的操作方法。从上面开始，接入电源，将 NC 装置设为 ON，起动液压。操作停止后，从下面开始按照相反顺序全部停止，NC 装置设为 OFF，切断电源。

操作时，需要从上面开始按顺序操作，一直到"起动液压"，然后设置"选择模式"。机床的操作方法如图所示，有摇柄、手动、纸带、手动数据输入（MDI）4 种模式。首先要决定选择哪种模式进行操作。

① 机床上没有操作摇柄，代替它的是操作面板上的"摇柄"。那是脉冲产生器，利用即将产生的脉冲运转机床。首先，按"选择轴"开关来选择 X、Y、Z 轴的其中一个，对应机床的运转方向，向 + 或 – 方向旋转摇柄。旋转摇柄 1 周移动 1mm。拨盘有 100 个刻度，1 个刻度代表移动 0.01mm。快速旋转摇柄的话机床就会快速移动，慢速旋转的话机床就会慢速移动。

② 用手动按钮运转机床。

▲NC 机床的操作

的操作

▲没有摇柄的 NC 机床

将模式的选择切换为"手动"。轴的选择与使用摇柄时相同。进给速度用"手动进给速度"按钮来设定。就像收音机上调节音量的旋钮一样，通过旋转开关增加电压，这样脉冲速度也会加快。图中所示较粗的一边速度更快。

通过"+方向进给"和"－方向进给"的按钮可以选择前进方向。在两个按钮中间有一个红色的"停止进给"按钮。想要使机床快速、正确地移动较长的距离，最好一起使用手动和摇柄两个方式。

③ 再来看一下纸带的操作。将"模式的选择"在纸带上设置好。把纸带挂在纸带阅读机上，将阅读机旁边的切换

开关扳向 A（自动），那么通过操作面板就可以起动纸带了。

但是，根据流程图，在此之前需要将"重载 override"暂时推到右侧顶端。然后按"single block"开关。

按"起动纸带"按钮之后，纸带的第一个步骤被读取，执行指令内容，机床停止。再按一下的话，执行第二个步骤的指令内容，执行结束后机床停止。切断"single block"开关的话，则执行指令一直到最后一个步骤。single block 指的是一个步骤一个步骤地执行。

在执行指令的过程中，由于某种原因需要停止执行的话，按"停止纸带"按钮，则指令中止。此时，按钮上的红灯亮起。

要继续执行指令，只需再次按"起动纸带"按钮，红灯灭，开始执行 NC 装置自动记录器中剩下的未完成的指令。这只是暂时的中止而已，通过再次起动，就可以执行输入到纸带上的所有指令。

如果按"全部停止"的话，当然机床就停止运转了。但这

个情况稍稍有所不同。按下"停止纸带"之后，液压也会下降，因此要再次起动的话，就必须再次按"起动液压"按钮。正在旋转的主轴也会停止。

在这里即使按"起动纸带"，执行中的指令也会全部停止，并不会像刚才那样执行剩余的部分，而是开始读取纸带的下一个步骤，执行新的内容。

因此，中断执行时，剩余部分没有被执行就结束了。这时，简单来说，需要重新来做。

这是增量方式的必然结果，中间出现的错误会一直延续到最后。

"override"是按百分比设置的，若设置为 50%的话，则除F1 位以外的进给速度都会降低50%。这是将过快的进给速度输入到纸带上以后的急救装置。

④ 最后是手动输入。通过输入数据开关可以指定驱动轴的移动方向、移动量和进给速度。因此，将模式设为"MDI"，如上述那样设置指令，按"起动纸带"，开始执行指令内容。

用语的差异

过 去的年轻人在外面租房子住或住在宿舍里，他们一起探讨人生、文学、哲学。现在的年轻人也是一样，我想他们还会更多地探讨一些社会问题。在探讨的过程中可能会出现一些难以理解的词语。

类似这样的谈话如果是嬉笑着进行的话，或许有些不成体统，应该严肃认真一些。

这时如果突然有人说"我的妈妈如何如何"，那么其他人就会觉得严肃的气氛一下子被他破坏了，正在探讨的人生哲学论也会终止。

同样道理，NC 装置也有与气氛（指装置）相符的语言。如果出现与氛围不符的语言，NC 装置也会出现问题，立即停止。

我 们应当把文字当作 1 个记号来考虑。日语的片假名是取汉字的一个偏旁，或从汉字的草书而演变过来的。最初的朝鲜文字也是由某种符号所组成的文字。

NC 所使用的文字（Character）分成 ISO 方式和 EIA 方式，文字的写法各不相同。

"私は本を持っていない"、"I have no book"，日语是以"主语+宾语+谓语"的顺序来进行全体否定，而英语是"主语+谓语+宾语"的顺序，将"no book"置于宾语的位置。

通 过这个例子我们可以知道，每种语言的句子构成都有自己的规律，如果随意地改变语句的顺序，那么就会造成句子结构混乱，意思不通，甚至可以理解成完全相反的意思。

如果弄混 NC 程序的格式，也会引起混乱。

漫画书上所使用的语言和讨论时事政治所使用的语言，不论是词语还是表达方式都有很大的不同。NC 用语也是如此，如果想要表达更多的丰富内容，就要准备更多的用语。

假 设某个 NC 装置上的脉冲列的脉冲速度是固定的，还必须要控制其他装置的脉冲列速度。但是，此时只有一个脉冲流出口，即使这样也不用担心，只管按照指令控制脉冲速度，只让它从一个口流出就可以了。但是，如果有 2 或 3 个口的话，就必须考虑分配脉冲。

运转机床时所使用的语言只需最小限度就可以了，没有用的语言可以全部舍弃掉。从结果来看，脉冲速度这个用语是固定装置中用得最少的，而在需要分配脉冲的装置中命令语、命令方式最多，剩下的就处于二者之间了。

NC机床

什么是机床

进入小学后我们学习的第一项手工是折纸。为了安全考虑不使用小刀、剪子，只使用彩色纸和胶水。等年级再稍微高一些后，手工制作改成学习黏土工艺。现在我仍然记得我制作的那些罐子、带把儿的杯子、小动物等。工具就是一张像我们这本书大小的板子（在板子上揉土）和竹子片。

再大一些后也就可以使用小刀了，制作竹蜻蜓和笔筒等。用锥子在类似螺旋桨的竹片中间钻一个孔，再插上一根竹棍子就可以了。这是使用工具（刀具）的手工。

沿着地图的等高线剪下纸盒纸，将其折叠可以做成立体地图。此时可以称为工具的应该是小刀和剪子。

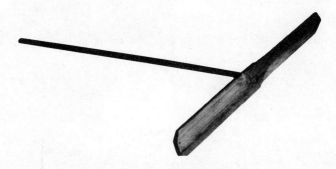

上述例子都是使用单独的工具和刀具而进行的手工制作。如果将其进行机械化，让机器持有工具来进行操作的话，这种机器就称为机床（Machine Tool）。

机关枪（Machine Gun），顾名思义就是被机械化的枪。机床（Machine Tool）原本是指工具，也就是说工具是主要因素。机床，也称为工作母机，是被机械化的工具的意思，日语中的"机床"这个词语，机械化的意思被扩大，机器成为主要因素。

用手边的词典来查一下机器的意思，可知其定义为：

① 能够巧妙地进行工作的设置。

② 物体的组合，遵循一定法则来运作的装置。

但是，我们所进行的操作有很多种，工具也是各种各样。因此，根据操作方法的不同机床也分为很多种类。根据操作使用的刀具种类、方法的不同可将机床分为不同的形式。通过名称来看，我们知道有能够充分发挥刀具效用的各种形式、形态、构造的机床。这里我们介绍的是 NC 化的机床。我们有必要事先确认以下几个问题，在机床运转的过程中哪一部分是被 NC 化的，什么样的 NC 化是合适的，还有机床有哪几种运转形式等。

那么，在使用刀具加工时需要进行哪些具体操作呢？让我们通过身边日常生活的例子来解答这个问题。

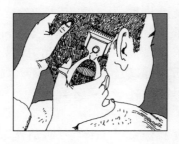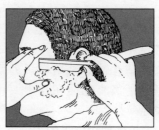

首先能够想到的是理发师的推剪。如果让一个外行人，而不是专业的理发师来给我们用推剪理发的话，恐怕我们会疼得叫出来吧。这是因为外行人也许会在还没有将头发完全剪掉时就先用推剪继续往前推了。

也可以说是因为理发时没有找到切削速度和进给速度的平衡点。使用刀具时有切削速度和进给速度，它们之间互相关联且必须达到一个平衡。

人们理发时，可以理成光头或是留长一点，剪多少头发（或者说留多少头发）对本人来说是个重要的问题。

而在使用机床的情况下，需要使用刀具进行切削，因此就有切削速度、进给速度、背吃刀量等重要的因素。为了不让被加工物品受磨损，我们必须保证以上要素之间的平衡。

剃刀同样是理发师使用的工具，却与推剪不同，刀具本身是不移动的，是理发师拿着剃刀一点点移动，这就是进给速度。但是，像这种刀具本身不作移动的情况，进给动作就直接成为切削动作，进给速度成为切削速度。

因此，刮脸这一操作的进给速度可以被称为切削速度，而一点一点地将刮脸刀移向新的部位，这就是此时的进给速度。

刮脸时并不是只刮一遍就可以了，刮过一遍的地方还需要再稍微地处理一下。推剪也是如此，如果只是一个劲儿地将推剪向前推，那么头发就会被剪成深一块浅一块了，这次理发就太失败了。

讲到这里，我想大家都能够明白切削加工时提高切削速度、降低进给速度的原因了。

车床的车刀与推剪不同，刀具本身不作切削运动。

●钻床

对于那些喜欢做木工活的人来说锥子是不可缺少的工具。用双手手掌夹着锥子来回旋转，就会产生切削速度。此时，当锥子钻进物体时，如果锥尖很钝，那么钻起来就会很吃力。这就是进给速度。

要将木螺钉钉住，或是要将粗钉子不歪不斜笔直地钉住的时候，需要先准确定位，再用锥子在那个位置钻孔。如果钻累了的话，可以将锥子竖直地插在孔中，用锤子轻轻地敲打。

正确使用锥子的关键就是找好要钻的目的点，准确定位。

金属加工时使用的钻头也是同样的道理，正确使用的第一要素就是准确定位钻孔位置。

此时，"定位控制方式的 NC 装置"起到很大作用。将使用钻头的机床 NC 化时，用钻头进行操作，不论是使用手动摇柄还是像凸轮一样的器具，只要使用 NC 就可以了。

虽然说对于钻头加工，定位控制方式非常重要，但也可以采用"直线切削控制方式的 NC 装置"。直线切削控制装置也能进行定位控制。于是，定好位后，想要使用 NC 时，就可以直接使用这个装置，非常便利。

因此，当主要的控制目的是定位控制的时候，目前人们更多使用的也是功能更强的直线切削控制装置。

●车床

我们来思考一下用刀削苹果这个动作过程。刀本身是不动的，是我们压着静止的刀，然后旋转苹果。也就是说，我们可以将苹果表面经过刀具时的速度理解为切削速度。

做此切削动作时，将刀横向移动的速度是进给速度。

我们去寿司店时，会看到师傅们熟练地用刀将萝卜切成带状，制作生鱼片的小菜。如果刀法不娴熟就会切得不规整。

刀具本身是固定的，通过旋转物体将工件的外周切削成圆面，车床类

▲钻床操作中定位很重要

机器最适合进行这种操作。

　　不仅仅是切削旋转物体的外周，还可以将钻头固定在工作台上，用其压在旋转的工件上，在工件的中间钻孔。用车刀作内孔切削也是车床所擅长的。而且，以较长方向为切入口，径向进给车刀的话可以切削出圆筒的端面。

　　也就是说，要运转车床的车刀，必须有较长方向的进给和径向切入的

▲若是数控车床，曲面切削就很简单

进给。上面讲到的切萝卜小菜的方法，与车床相对应的就是横切。这时车刀的进给方向为径向。

　　车床的 NC 化是以二者为 NC 化的对象。如果能够实现两者同时控制的话，就能切削出瓶状。因此，现在车床的"二轴同时控制方式的轮廓切削NC 装置"受到了人们的关注。

　　车床的车刀移动只有较长方向和横向，因此车床可以使用二轴控制方式。

　　两轴的名称与移动的方向相对应，横向为 X 轴，较长方向为 Z 轴，没有 Y 轴。

▲削苹果皮是圆筒式切削，削萝卜就是横切式

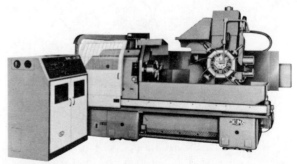

▲NC 车床

对于那些喜欢做木工活的人来说另一件不可缺少的工具是锯。我们通过反复拉推来做切削动作。拉推得快，那么它的切削速度就快。

这样将锯向前推的动作就是进给，拉锯一次，木料接触锯刃，就会产生与此相应的锯屑。这与锯刃的形状、锋利度、切割木料的方向和硬度相关，除此之外，使用锯的人的体力不同，在一定时间内产生的锯屑量也是不同的。

木工们使用的道具中也有电动锯，就是在圆盘的外周装有锯刃。用电动机转动圆锯，此时的外周速度成为切削速度，这与汽车轮胎的外周速度就是汽车行进速度是同样的道理。另外，电动机功率的大小相当于人的体力大小，电动机功率大小不同，平均时间内的工作量是变化的。

由此可以知道，在使用这种工具时，切削速度是固定的，如果要 NC 化，我们只需控制进给速度就可以了。

圆锯是圆形的刀具，在我们身边，经常使用的削铅笔的钻笔刀同样是圆形的刀具。将其从桌子上拆下来，仔细看一下其内部构造。

我们削铅笔时，铅笔是不动的，由刀具自身的转动来对铅笔的外周作圆形切削运动。这与地球一边自转一边绕着太阳公转非常相似。

只是钻笔刀的内部是倾斜的，因此可以切削成圆锥状。如果将倾斜度设为 0° 时可以切削成圆筒状。同样道理，如果倾斜度设为 90°，就可以切削端面。

这时，钻笔刀的切削速度由其自转速度决定，进给速度由公转速度决定。

切削铅笔所使用的刀具与铣床所使用的刀具，其外形和切削刃的安装方法是相同的。刀具多种多样，可以说铣床用刀具是其中的小型刨刀。

在卧式铣床上使用刨刀时，使刀具呈水平状态，再用电动机转动刀具，将工件置于其上，切削接触切削刃的部分。

用小刀削苹果皮时，拿着苹果的手上下稍微动一动，削完皮的苹果就会变得坑坑洼洼。卧式铣床是将工件固定在工作台上，工作台相对于刀具是静止不动的，这样就能切削出光滑的平面了。这样的刀具是适合于切削平面的，被称为刨刀（plane cutter）。Plane 有刨子的意思，电动刨使用的是与刨刀相似的刀具。

铣刀的切削速度（主轴转速）是靠铣床来决定的，若要将卧式铣床 NC 化，则需着眼于是否能够与切削条件相符合，能否自由控制进给速度和切削量。

▲圆锯的 NC 化只需控制进给速度

如果支撑工件的方式不对，就与削苹果是同样原理，切削后的工件面不会是平面。因此，如果遵循 NC 指令，使工件与刀具之间的距离时远时近，那么，切削面就会按照 NC 指令被切削成平面、倾斜面、曲面。

使用 NC 机床时工件的移动方式是，水平方向移动多少，就会向下离刀具多远。如果能够将两处的进给同时控制起来（二轴同时控制），那么是可以切削出上述的山状、坡状面的。这样，以旋转工具为主要工具的机床的 NC 化对象就确定了。

▲刨刀的切削

▲通过二轴控制能够加工出这样的曲面

▲NC 卧式铣床

43

电动剃刀是在回转体的端面上装有切削刃，这样来刮出脸的"面"。与此相同，削铅笔时如果将切削刃延长至端面，也能切削出这样的面。

我们把使用水车磨面时叫做 mill，即碾磨的意思。铣床与此形式相同，因此也被称为 milling machine，即碾磨机器。

因此，上述所讲到类型的铣床用工具称为 mill，在其末端也有切削刃，所以也叫做立铣刀。立铣刀有外周刃和底刃，它们都可以用来切削。

立铣刀与刨刀不同，多数立铣刀直径很小。此外，从使用方法来讲，既可以水平使用也可以垂直使用。

让我们思考一下，在立式铣床上垂直使用立铣刀。把工件固定在立式铣床的工作台上，再将工件的外周压在立铣刀上，运转工作台，此时能够切削出与工作台的进给丝杠（X 轴）相平行的端面。使用座板的进给丝杠（Y 轴）的话，就能切削出与 Y 轴平行的端面。

这个例子中是分别移动 X 轴和 Y 轴的，在 NC 上称为一轴同时控制。立铣刀能够切削出多层套盒的内外形状和套盒的底部，而对于这种加工，立铣刀更是再合适不过的工具了。在切削有盖子的工件时立铣刀也是不可缺少的，它是 NC 铣刀加工的重要工具。

根据所给的指令，也就是说，如果给出同时移动 X 轴和 Y 轴的二轴同时控制指令，那么不仅仅是与 X 轴和 Y 轴平行的端面，采用夸张一点的说法，可以像剪纸那样切削出物体的形状。

因此，板凸轮加工是不能没有立铣刀的。而切削沟槽凸轮时立铣刀能够发挥更大的力量。

沟槽凸轮是指在回转板的侧面和回转圆筒的外周挖沟，再在上面嵌入传动体的滚轴，用凸轮自身的旋转来连续控制传动体的运转。

立铣刀既能切削出沟槽两侧和沟底，也能通过向左或向右稍微地修正轨道，而任意扩大沟深进行加工。

二面刃　　二面刃　　四面刃　　圆头槽铣刀

▲各种各样的立铣刀

▲立铣刀的沟槽加工

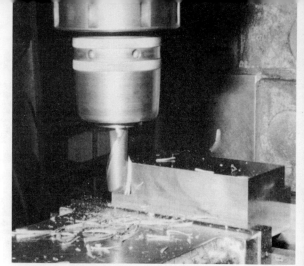

▲立铣刀的侧面切削

NC 化的回转工作台和割出台在进行此类加工时起到了很大的作用。

立铣刀中的圆头槽铣刀像研磨棒那样一头儿是圆的。

被切削工件的底部必须是曲面时，可以使用这个刀具。目前，电视机的显像管大多是 NC 加工。此种情况下，圆头槽铣刀十分必要。

立铣刀底刃不仅仅在靠近外周的部位有切削刃，多数带有两个切削刃的立铣刀在中心部位也有切削刃，它和钻头一样，可以切进所切削的地方。

铣床就像万能机器一样，是可以为各式各样的加工所服务的工具。

为了能够更加自如地使用立铣刀，铣床的 3 个进给丝杠的 NC 化当然不用说，此外，作为附属工具的内工作台和割出台的 NC 化也是有必要的。

根据铣床加工对象的不同，来决定控制轴数以及同时控制轴数。

▲NC 立式铣床

45

▲孔会随着切削刃向外逐渐扩开（同心）而变大

让我们来思考一下用圆规在纸上画圆的操作。将针尖垂直立在纸上，手指紧抓圆规上部，转动圆规画圆。若再一点点拉开圆规双脚的距离画圆，就可以画出同心圆。

如果将圆规的铅笔芯换成车刀，在一张固定了的薄纸上重复同样的动作，那么纸会被切破，孔也会越来越大。

旋转圆规的速度，换成是车刀的话，就是切削速度。而拉开圆规双脚的距离就是进给量。

如果握着圆规的手颤抖的话就会画不好圆，这就需要带针头的脚起支撑作用。假设我们拿掉圆规带针头的脚，也可以一边旋转圆规一边沿着轴心一直向前画。这就是镗床的切削操作。将物体固定好，再将刀具移向加工位置后进行加工。

钻头（drill）中与其操作相符的机器称作 drilling machine 或 boring machine。在日本，以钻头（drill）为主要工具的机床是以 bore 为词源的钻床。上述例子的切开孔的操作也是 boring，能够进行这样切削操作的机床叫做镗床。

能够使圆规保持一动不动的静止状态，并且能够旋转的零件，在机床中称为主轴。朝向侧面使用钻孔工具的机床带有横向主轴，称为横式镗床。带有竖向主轴的称为立式镗床。镗床本来是和钻床使用相同系统的工具，操作内容也相似，因此如果要 NC 化，那么定位控制是非常适合的 NC 化方式。

与切削工具直接配套的工具是搪杆，将搪杆与工件支架配套装在主轴上，或者给搪杆本身装上柄，与镗床的主轴配套使用。搪杆使用的刀具是车刀。

使圆规脚与目的点正确吻合是一件麻烦的事，它与用圆规画圆的操作是不同的。镗床也是如此，使零件图的加工直径尺寸与车刀正确吻合的操作，是通过刀具预校正器等的机外操作（在车床机器外其他地方进行的操作）来完成的。将调整车刀尺寸的工具装在主轴上，使其一边旋转（其速度为切削速度），一边连续进给主轴，或将工件拉到主轴这边来进行钻孔加工。

▲卧式镗床的面切削是三轴控制

▲钻孔操作中，传递主轴是四轴控制

　　总之，通过机床运转对旋转运动进行垂直进给，就会在预定的位置上正确加工出又圆又直的孔。

　　在此加工过程中，将直径已经确定的工具（搪杆）控制在预定的位置上进行加工，这与定位控制很重要的钻床的加工内容很相似。

　　但是，镗床工作内容的50%左右是铣刀切削，40%左右是切削孔与圆筒的内部，还有10%是开孔、立丝锥和其他。因为使用很多铣刀操作，所以也可以说是铣床。有的品牌就将其称为镗铣床（boring and milling machine）。

　　因此，镗床的NC化并不仅仅局限于定位控制，与铣床的NC化相同，多数使用能够控制3个方向进给的直线切削控制方式来实现NC化，并且对于可以传送主轴的机床，这个进给操作也被NC化（为 W 轴），成为四轴控制。

　　通用的镗床中，有的还带有面板，用车刀切削面。但是此类型的NC化镗床很少见。

　　大型的加工中心的构造多数与横式镗床相似，从这一点来看，我们完全可以认为镗床是能够很好地、高精度地使用各种工具的基本类型。

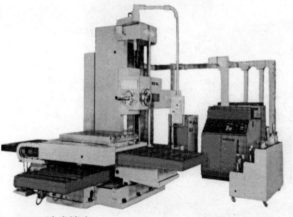

▲NC 卧式镗床

普通机床与 NC

俗话说，"善书者不择笔"。意思是说，字写得好的人，使用什么样的笔都能把字写好。

使用车床切削圆形工件时，如果用上述谚语来讲的话，就变为"能够熟练使用车床的人，不管是什么类型的车床，都能切削出合格的工件"。

这是因为"车床能手"十分熟悉车床的特点，并且能够根据其特点来操纵手柄，进给车刀，从而切削出合格的产品。

与此相反，NC 机床所使用的数字控制不能像"车床能手"那样进行判断，不能根据不同的情况来控制机床。

在判断问题这一点上，不用说比不过能手，就是和其他普通的人相比也是比不了的。其适应环境的能力可以说是零。

当我们向别人问路，被告知"一直向前走就可以了"时，即使这条路有一些弯曲，我们也是能够沿着路向前走的。

但是，对于 NC 有一条规定，那就是，一旦接受了"一直向前"的指令后，即使路径弯曲也会直线前进，而不会变通。因此，运转 NC 机床时，必须在了解 NC 的这一条规定的基础上进行准备工作。

必须"一直向前"时，就要为彻底地"一直向前"进行准备工作。而如果出现了问题，就需要解决问题后再进行操作。

由此我们可以知道，NC 机床与普通的机床不同，它需要方方面面的无微不至的照顾。

因此，普通机床不需要太费心的地方，对于 NC 机床来说却很有必要。

在这里，让我们来思考一下坐标镗床。坐标镗床是指以夹具（在用钻床和镗床进行位置精度要求很高的孔加工时所使用）加工为主要工作内容的精密镗床的一种。

比如，当两个齿轮相互咬合时，如果两边的轴间距不正确，声音就会变大。为此，需要尽量获得准确的孔的尺寸精度和相关的位置精度。这项操作很复杂，所以我们可以事先以更高的精确度来对其他板进行加工，再使钻床和镗床的主轴通过这个板上的孔，

▼熟练工人根据自己的经验所做出的判断，在 NC 上全部可以指示出来

进行齿轮箱的轴孔加工。

　　那个板就是夹具板，也有箱子形状的夹具。虽然齿轮箱上开孔的实际位置精度与夹具板的精度并不完全吻合，但是却能够给出平常在车间使用的钻床和镗床所不能给出的精度。此外，操作人员完全信任夹具的精度，只要确认机床主轴在夹具孔中能够自如地回转，再进行加工就可以了。这与没有夹具时相比轻松了很多。

　　像这样的夹具加工，要求坐标镗床的精度很高，同时也要求操作人员不能粗心大意。

　　坐标镗床操作人员代替钻床和镗床的操作人员做了很多工作。

　　齿轮箱等普通的机床零件所必需的精度都是由坐标镗床给出的。这与操作人员认真反复地测量切削主轴的加工位置，测定相关尺寸以及调整、测定主轴位置和刀具直径尺寸等操作是息息相关的。人是最高级的控制装置，拥有操作机器、比较、订正以及思考的技能。

　　最高级的控制装置（人）充分发挥自己的能动性来操作高精度的坐标镗床，因此才能够进行高精度加工。

　　同样道理，即使是普通机床，如果操作人员技术水平很高的话，也能够进行高精度的加工。可是，熟练工很少。在这样缺乏人才的时代，我们还需"不熟练的人"的力量。

　　因此，再进一步讲，不熟练指的是不能期待其在操作过程中有所思考，只要能按照所听到的指令进行操作就可以了。能够将所听到的指令在 NC 纸带上打出并进行运转的就是 NC 机床。

　　这样，就必须做好以下两点，所听到的指令（纸带内容）不能有错误，另外，还要使机床能够完全按照指令进行运转。NC 机床就是这样，不能指靠它还像普通机床那样，能够随意进行修改。

▲如果要使普通车床带有 NC 的功能并能有效运转的话，首先要将刀具台变成六角式

NC 机床的特点

▼NC 机床是自控式机器。如图所示，一名操作人员可操作两台机床，即使操作人员暂时离开，机床还是会不停地进行加工操作

① 按照信号控制操作

NC 机床是自控式机器。虽然能够自动进行自我检查与订正，但是不进行与确定的目标值相差太大的操作。NC 机床在确定好的范围内进行操作并不断地自我检查，如果相差大，还会进行向前或返回的操作。因此，定位和轮廓切削是很容易的。

与过去相比，飞机的航行已经是变得很简单了，尤其是夜间飞行，也不是一件稀奇的事了。这源于无线电指向标所起的巨大作用。

无线电指向标是指发出带有某种特征的电波（比如灯台的光），飞机利用天线的指向性探知到电波传来的方向，并反馈给无线电指向标，从而测定飞行位置。

NC 的闭环方式是指自己利用 DC 电动机不断地移动，移动的距离是通过从外部获得的信号来控制的。飞机为了不偏离航线，而通过无线电指向标来测定飞行位置，NC 正是采用与飞机航行十分相似的自控方式。

② 形状变更时的数值修正很简单

进行定位与轮廓部分切削时，数值的修正很简单。也就是说，当获得一个作为目标值的数值时，若这个数值与预定结果不同，那么修正此目标值是很容易的。

因为每一次的目标值都会作为数值保留下来，所以给予的值与所得结果之间的因果关系很明确，这样最适合研究。

假设我们要测试某种材料的拉伸力，就需要制作拉伸力测试机用的试验片。试验片的形状和尺寸都是已经裁定好的。最初，试验片与所施的力成比例变长，当拉伸力逐渐增大时，随着比例关系的改变，最后试验片断裂。即，拉伸力增大到了能够使试验片断裂为止。

根据研究者的预测，断裂处应该在试验

片变细部分的大约中间位置，若与预测不同，在根处断裂的话，则不能进行预期检查。此时，可以根据尺寸数据对这个试验片进行 NC 加工，一点点改变其断裂处的指定值，从而使其在预定处断裂。这也并不是很难的事情。

此外，对热轧时所使用的滚轧型机器进行 NC 加工时，也可以利用 NC 加工的这个特点。如果是对一块热得通红的铁进行塑型加工，即使按照设计进行，我们也不能保证它仅经过一次冷却就能达到规定的尺寸。这时，如果是 NC 加工的话，既可以根据数据来修正模型，也可以将修正后的数据正确地保留下来。这是很重要的。

如果像过去那样敲打，再用砂轮磨削来修改模型形状的话，就会很难留下正确的尺

▲编程人员的责任重大

寸数据。

③ 编程人员的责任重大

编程人员相当于 NC 机床的主权者，机床是按照他们的意志来运转的。这样切削，那样运转，所有的指令都可以输入到纸带上。NC 机床就是按照这些指令来运行的。因此，编程人员们必须深感自己的责任重大。

即使是 NC 机床，也无法实现不符合常理的切削。所以，编程人员必须要像对普通机床那样，对夹紧工具、切削工具、加工材料以及 NC 机床的性能十分熟悉了解。我们现在越来越需要的是与以往不同意义上的很重要的技术人员。那就是编程人员。

④ 可以利用补偿功能

机器的进给丝杠的螺距误差与规格相差越大，对机床来说越是致命的。但是，NC 机床可以利用螺距误差补偿功能，对机器的移动误差进行补偿。

另外，如果机器的进给构造有间隙，那么这间隙部分的指令脉冲就白费了。这样机床就不能按照指令运转。因此，可通过反冲补偿装置来产生多余的脉冲，填补这个机床的间隙，填补反冲。这样，机床就能按照指令脉冲进行运转了。

此外，刀具的尺寸并不一定必须是计划尺寸。在不得不重做纸带的情况下，可利用刀具尺寸补偿功能，对刀具路径的轨道进行修正，以避免重做纸带这样的操作。

自动变速系统

在使用多种刀具的情况下，必须选择与各种刀具相对应的主轴转速。自动变速能够代替操作人员进行这项操作，它对提高 NC 机床的自动操作性能起到了很重要的作用。

●关于离合器

这个构造可以利用多种方式，例如电磁离合器、液压离合器、电动机的极数变换以及直流电动机的无级变速，或是使用液压构造的变速齿轮。

由电流损失引起的发热，尤其是多板离合器在空转时由摩擦引起的发热等，会导致电磁离合器部分发生热变形。因此设计方面要特别注意。

代替多板离合器而使用鼠齿式电磁离合器的机床由摩擦引起的发热比较少，可以增大传送转矩。鼠齿式电磁离合器与多板式不同，它使用的是细细的平面齿。

液压式的多板离合器在旋转过程中能进行切换，虽然这很便利，但是存在着发热、液压源、配管等诸多问题。

极数变换电动机是能够通过将与转速相

▲多板式电磁离合器的外观和内部构造

关的某种电动机极数切换为 2P、4P、6P、8P 等，从而改变转速的一种电动机。极数就是电动机所使用磁石的极的数量。转速与极数成反比变化。

在周波数为 50Hz（赫兹）的日本关东地区，这种电动机使用 4P 时就是 1500r/min，切换为 6P 时变成 1000r/min。

虽然使用极数变换电动机，变速时所需的仅仅是简单的电子零件，但是如果是大型电动机的话，变速范围很窄就是其不足之处，例如 2P、4P、6P、8P、12P 的话就只能得到 5 种转速。

使用直流电动机，可以无阶段、广范围地变速，非常便利。电车使用的就是普通直流电动机。虽然方便，但是附属装置价格高，而且与交流电动机相比显得很大。

还有通过液压来驱动的变速齿轮式。这是将手动式凸轮或杠杆的变速齿轮转换为液压气缸的一种活塞运动。

在允许的条件下，在这些方式中我们应选择最能达到目的的方式。

即使是治病的药物也有副作用，治好了脚痛，头痛又来了，那样是很苦恼的。

虽然液压式很不错，但我们也不能否认使用它会带来其他的负面影响。有很多机器就是这样。此外还有成本的问题。

单就自动变速系统来说，其构成所必要的机器价格、使用寿命、补修零件等条件是否合适，零件的采用是否影响到其他方面，出现问题时是否需要使用液压用配管，而对使用者这一方来说，购入机器后，除了劳动力和金钱方面是否还有额外的负担等，这些问题都需要综合探讨研究后再作决定。

▲鼠齿式电磁离合器（右侧为　　　　咬合状态）

53

刀具夹紧装置

对操作人员来说，交换刀具时，将刀具紧固在主轴上和松开刀具的操作都是必不可少的。使用刀具的数量越多，此操作就越多，操作人员的劳动力也就消耗越大，机器的运转效率也会下降。

因此，如何能够轻松地使用刀具夹紧装置就成为我们首先考虑的因素。

●拉紧螺栓式

拉紧螺栓式是旋转螺栓，强行将刀具拉过来的方式，在通用铣床上得到广泛使用。

要想使刀具紧紧地固定住的话就需要选择这种方式。目前所使用的一般方法是，使主轴锥部（JISB 6101—2004：通称 national taper）与刀具锥部相互贴紧，使传动键相互咬合。

在这个操作中，操作人员拉紧螺栓时，必须要用扳手转动螺钉。但是要注意的是，操作人员偶尔也会不得不在落脚不稳的工作环境下进行操作。

有的也会使用电动机来做这项工作。操作人员将刀具插入主轴，按开关。紧固操作

▲拉紧螺栓式紧固

▲由电动机拖动

与拉紧螺栓式完全相同，只是由电动机来完成。

●速换式

这种方式与上述的拉紧螺栓式相同，首先要将速换适配器紧固在主轴上。

切削工具放置在各种有缝夹套（collet）中。要将有缝夹套固定在事先已经紧固在主轴上的适配器上。因为是用螺母拧紧，所以在螺母回转 90° 以内时，有缝夹套是可以快速紧固在适配器上的。

速换的名称就是来源于此。

操作人员进行刀具交换时，不论是通用机床还是 NC 机床，这种方法因为效率高而被人们广泛使用。

●ATC 的紧固

以上主要介绍的是手动交换刀具的方法。在下一页将要介绍的由 ATC（自动换刀装置）完成的刀具装卸中，通过功能 M（M06）可以完全不需要人力而简单地完成刀具交换。

如图所示，牵引螺栓被很强的弹力拉拽上去。

图中，在双头螺柱的头上挂着钢球，钢球与主机一起被强大的碟形弹簧吊起。为使后面的壁面上升一层，钢球被推到前面，内侧变窄，双头螺柱的颈部也就拔不出来了。碟形弹簧的力量十分强大，因而还能抵抗切削抗力。

接着，出现交换刀具的指令 M06，开起电磁阀，油被送进液压气缸，按下活塞。

活塞超过碟形弹簧的力将主机推下后，钢球下降 1 层，退到壁面。恰好此时刀具装卸装置的吊杆移动过来，接触使用完的刀具的凸缘部位，从主轴中抽出刀具。

机体旋转，交换了新旧刀具的位置，将新刀具插入主轴后，刀具插入完了信号出现，运转刚才的电磁阀，切断液压，弹簧再次提起工具，此时，刀具紧固完成。请参照第 72 页。

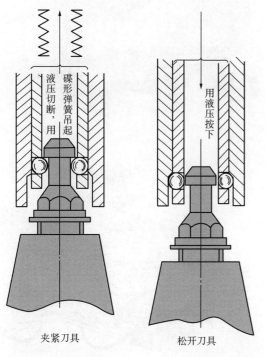

夹紧刀具　　　　松开刀具

液压切断，用　碟形弹簧吊起　　用液压按下

▲ATC 的刀具紧固方式

自动换刀装置（ATC）

熟练使用 NC 机床的秘诀是，对工序长的零件进行 NC 加工。就是说，将大量短工序的零件收集起来，使其变长。一般来说，NC 机床的特点就是夹紧工件一次能够进行多次加工。

提高加工效率的方法一般有两种：一种是提高切削条件，使其在短时间内产生大量碎屑，或者尽可能缩短不产生碎屑的时间；第二种方法要求交换刀具的时间也要缩短。

加工工序分为几个步骤，交换刀具时，操作人员每一次都要停止主轴，卸下、再夹紧刀具，变更为合适的主轴转速后，再次起动主轴。

自动换刀装置（Automatic Tool Changer，即 ATC）能够代替操作人员进行繁琐的刀具交换操作，节省劳力，提高操作效率。

各种各样的换刀装置

a)

b)

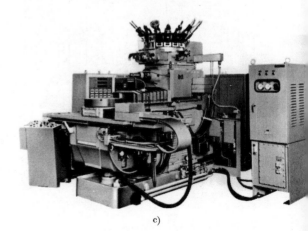

c)

卧式镗铣床的顶部插着像簪子一样的刀具库，在进行自动变速、自动换刀的 NC 化之后，就成为加工中心。但是，加工中心的定义并不固定，除了带有 ATC 的以外，安装有六角刀架的铣床以及没有 ATC 的，有时都可以被称为加工中心。

这个加工中心的 ATC 总是与主轴一起移动，因此出现 M06（刀具交换指令）时，可以马上当场进行刀具交换（请参照第 72 页）。

对刀具库位置的设计人员们也想了很多办法，还有能够收纳 60 把刀具的刀具库。

刀具件数增加，需要的空间增大，因此将刀具库放在离主轴较远的地方的话，就需要给交接刀具的架子分门别类。这样一来，每个刀具架的移动速度也会影响到交换刀具所需的时间。与小型机器不同，对 ATC 需要更加用心。

与铁路支线上慢行的铁轨不同，对以时速 200km 以上行驶的新干线的铁轨，必须从地基就开始仔细研究探讨。ATC 正像新干线的铁轨一样，即使要缩短 ATC 时间 1s，也要做好必要的准备（机器构造、机器刚度等）。

d)

e)

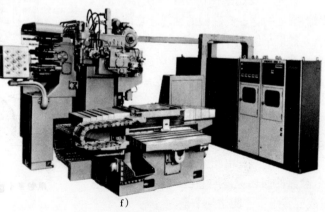

f)

进给系统

▲滚珠丝杠

●回转角与移动量

我们来思考一下使用伺服电动机和脉冲式电动机（1.2°/脉冲）时的情况。脉冲式电动机的传动轴每脉冲回转1.2°。

如图1所示，从脉冲式电动机到滚珠丝杠这一部分的中间所使用齿轮的齿数，从电动机那头开始分别是27、39、54。因此，与脉冲式电动机1.2°的回转相对应，滚珠丝杠（进给丝杠）的回转度为0.6°，也就是1/600转，丝杠的进给量就是1/100mm（0.01mm）。

1.2°/脉冲的回转角转换为0.01mm的移动量，需要经过下面的计算过程。

首先，我们来探讨一下正确接合的2个摩擦圆盘的直径与它们的轴回转之间的关系。

如果小圆盘半径正好是大圆盘半径的一半，那么小圆盘的轴回转2周后大圆盘的轴才回转1周。即大圆盘的回转＝小圆盘的回转×1/2。

假设小圆盘的直径是2，大圆盘的直径是3，那么，小圆盘回转3周，大圆盘回转2周可达到平衡。由此可知，有大小圆盘时，2个圆盘的回转速度与直径成反比，这样转速（或回转角）才能达到平衡。

通常使用的齿轮的直径与齿数互成比例，因此可以知道，相互咬合的2个齿轮的转速与各个齿轮的齿数成反比。假设驱动轴的转速（或者回转角）为N_1，与轴相配套的齿轮的齿数为T_1，它们各自的被动轴分别为N_2、T_2，那么，

$$T_2 = \frac{N_1}{N_2} \times T_1$$

的关系式是成立的。

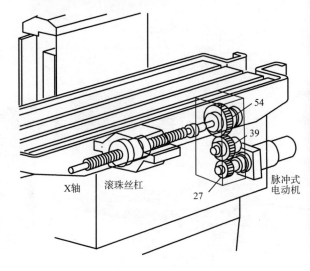

图1 从脉冲式电动机到滚珠丝杠之间

58

利用上面的关系式计算滚珠丝杠的回转角，得出的结果是 0.6°，即

$$1.2° \times \frac{27}{39} \times \frac{39}{54} = 0.6°$$

螺距为 6mm（回转 1 周的进给量是 6mm）的滚珠丝杠的回转角是 0.6°，那么，得出的进给量是

$$\frac{0.6°}{360°} = \frac{1}{600}r$$

$$6mm \times \frac{1}{600} = 0.01mm$$

●空转

从理想化的角度讲，1 个脉冲机器应该运转 0.01mm。为了接近这个理想化的数值，我们必须采取各种方法。

在盛夏，水管道的水是何等可贵，而实际上，水管道的水可能在途中的接口处或是什么地方已经浪费掉了 10%，着实可惜。

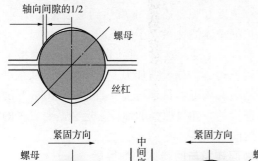

10% 也是不小的损失了。

即使是 NC 机床，从 NC 装置中传出的脉冲在到达目的地之前就已经在途中有所损失了，我们将其称为空转（lost motion）。

NC 机床的好多地方都潜藏着空转的原因。例如，机器构造的接口处、传动轴与齿轮的接合处、齿轮的相互咬合处、齿轮与滚珠丝杠的接合处、滚珠丝杠与螺母的嵌合处等。我们必须要想一想防止空转的对策。如果置之不理的话，就会影响加工精度，甚至与漏煤气同等严重。

但是，我们也可以这样来定义 NC 机床的空转。比如说，工作台的正向定位和负向定位时两种方向的停止位置出现差的时候，这个差就是空转。

滚珠丝杠与螺母之间有间隙也是空转的原因之一。如图 2 所示是使用两个螺母消除间隙的方法。

用普通的滑座螺钉来消除轴向的间隙时，如果很小的话运转时就需要很大的力（驱动转矩）来驱动它，有时也会出现不转动的情况。但因为滚珠丝杠中有滚珠，所以可以加上余压，再使用两个螺母来消除间隙。因此，滚珠丝杠对要求精度的进给构造的螺钉来说是最适合的。

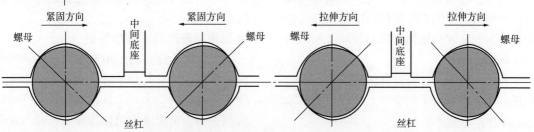

图 2　使用两个螺母消除轴向间隙的方法

惯性负荷与驱动转矩

● **惯性量与加速度**

如果牛顿头上的那个苹果没有因为引力而掉下来，也许到现在它还是挂在树上。这是由物体的性质决定的。只要物体没有被加以改变其状态的力，那么它或者保持原状，或者保持现有的运动速度。

乘坐电车的时候，如果电车突然改变速度，人就很容易倒。我们知道这是惯性的缘故。惯性的本义就是"难于改变现有状态"或"难于产生加速度（每秒钟的速度变化）"。

小型汽车与大型翻斗车，同样使其增加速度至时速 80km，大型翻斗车需要更多时间。如果达到 80km 的时速并以这个速度行驶的话，会感到大型翻斗车的速度特别慢，无法与小型汽车相比。如果发生交通事故，很明显，翻斗车会使对方蒙受的损失更大。

也就是说，一旦开始行驶的话，最初的"起跑差"的性质，在发生冲撞时变成负面的加速度（此时从 80km 的时速一下子变为 0），与此同时，冲撞时的力会增大。由此可以知道，冲撞时产生的力与车的惯性量（起跑差的量）和加速度成比例关系（与两者相乘的结果成比例）。

人们在移动重物时，直接推或拉，或使用道具，可以将绳子缠在车上通过转动车来移动重物。

直接推或拉的时候，要考虑到克服摩

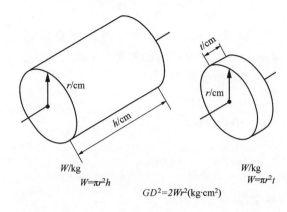

$$GD^2 = 2Wr^2 \text{(kg·cm}^2)$$

图 1 GD²

擦阻力时力的大小，有时还要考虑物体的惯性量。

下面的情况下必须考虑物体的惯性量。移动物体时，我们都会有这样的心理暗示"用这个速度推吧"。那么，是慢慢地达到那个速度好呢，还是 1s 就达到那个速度好呢？根据物体惯性量大小的不同，有时可以，有时却行不通。这时，我们可以重新考虑将 1s 延长到 2s，或者增加力。光明号列车从东京站到有乐町站是不可能一直保持 210km/h 的速度的。如果那样的话，一定会需要更多的时间。

● **回转力与回转体的惯性量**

我们刚才探讨的是用推或拉来移动物体时的情况。还有另外一种移动方法，那就是使用电动机的动力。而且，我们必须将回转力与直动力情况下的量作为完全相同的量来考虑，也就是回转力与回转体的惯性量。

我们将与回转体的半径（r，单位为 cm）和重量（W，单位为 kg）相关的量"$2Wr^2$"称为 GD^2，单位是"$kg \cdot cm^2$"（如图 1 所示）。

利用伺服电动机转动 NC 机床的折动部（例如铣床的工作台）时，要想在工作台转动的同时进行切削的话，所选择的电动机的回转力必须能够克服切削阻力而使工作台转动。我们可以用这个来决定所使用电动机马力的大小。

此外，NC 机床还要按照每时每刻变化的 NC 指令，使整个折动部立即适应环境。但是，在产生阻力而无法适应时，包括折动部在内的整个回转系统的 GD^2 成为原动力。

因此，选择电动机时，仅仅使其产生足够的必要的回转转矩是不够的，还要使其能够覆盖整个 GD^2，并在极短的时间内达到指定的速度。根据情况不同，有时应选择可以使剩余回转转矩稍微大些的电动机。

同样类型的车，1.9L 引擎与 1.4L 引擎，车的起跑是不一样的。同样道理，一个电动机转矩对这个类型的电动机是够用了，但考虑到 GD^2，更高一级的电动机也许就更合适了。

若使用进给丝杠的 GD^2、工作台的重量 W、进给丝杠的螺距 P、进给丝杠的传输系数 μ，可以通过一个公式来求得转动工作台时的整个 GD^2。

对 NC 机床来说尤其希望整个 GD^2 能变小。研究这个公式后，我们发现进给丝杠的螺距 P 变小，传输系数 μ 变大更好一些。

与普通的滑座螺钉相比，滚珠丝杠的传输系数 μ 要大很多。NC 机床的进给丝杠使用滚珠丝杠就是这个原因。此外，在中间使用齿轮的话，除了齿轮的大小外，齿轮比也会对整个 GD^2 产生影响。因此，不能盲目地决定齿轮比。

▲即使是同样作水平运动的工作台，对于工作台的重量和被削材的重量，都是大的龙门铣床的惯性负荷更大一些。

NC 机床的优点

俗话说"酒为百药之长"，但是如果过量饮酒，对身体是很不好的。汽车虽然很便利，但有时也会成为夺命的凶器。尽管 NC 机床有很多优点，我们也要利用它具体的特点来充分发挥这些优势。

以下为 NC 机床的优点：

① 能够制造均质化产品。

② 提高机床运转效率，从而提高生产率。

③ 减少夹具、夹紧刀具费，同时节省保管空间。

④ 缩短更换模具的时间。

⑤ 零件加工具有灵活性和多样性。

⑥ 减少操作人员的疲劳。

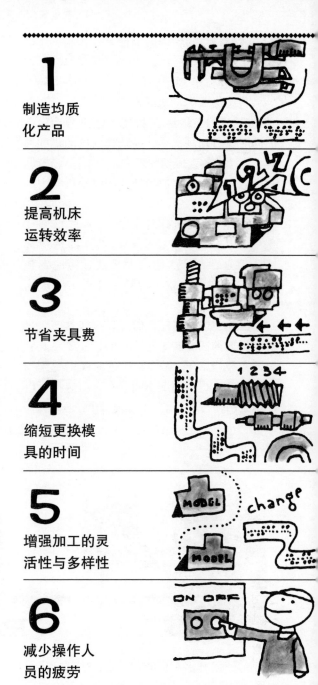

1 制造均质化产品

2 提高机床运转效率

3 节省夹具费

4 缩短更换模具的时间

5 增强加工的灵活性与多样性

6 减少操作人员的疲劳

即使是完全相同的操作，有时也会出现一点小错误，比如将手柄多摇 1 刻度或少摇 1 刻度。这都是由于人们的疏忽造成的，不可避免。如果操作人员感到累了，或是很烦躁的时候就更容易出现问题了。

即使做同样的操作，如果等到开始后才想到这样不对或那样不对，就已经晚了，工作不会有任何进展。应该在开始操作前就考虑好每一个步骤。

年老妇女在穿针时要使用"穿针器"，在用完以后还要收好以便下次使用。

机床加工也是一样，要在正确的地方正确地使用刀具就需要夹具。为了放置夹

上面引用了普通的穿针器的例子，而用缝纫机纫针时就必须准备另一种穿针器。同样，我们也要根据不同的情况来设计图样，进行制作。

准备工作所必需的时间就是更换模具的

世界上有多种多样的商品，而作为机床加工业就必然要处理种类杂多的加工零件。如果制造商们别出心裁不断地改变商品模式的话，那么那些零件就会越来越多样化了。

对于 NC 化，若提前准备纸带，就不需

使用机床进行零件加工时，大部分情况下都要读取机床上安装的尺度刻度。长时间作业会使眼睛的疲劳感加剧。

轮盘的铣削加工机器已经经历了 NC 化。而在此之前，操作人员要在 4~5min 内保持稍

但是，NC 机床不会感到疲劳，也没有感情，总是很"沉着冷静"。对机床发出的指令一般都是固定的，因此制造出来的产品的质量也都是固定的。这就是所谓的均质化产品。

对于机床加工，NC 需要提前想好加工步骤，再按照决定好的顺序执行操作。纸带上的指令内容都是已经研究好的可立即执行的流程，因而能够提高机器运转效率。

具和夹紧刀具需要占用空间。这与将 NC 纸带放在抽屉式的小箱子里是有区别的。而 NC 化能够减少夹具种类，也就节省了保管空间。

时间 (lead time)。如果有一副合适的老花镜就不需要准备穿针器了。NC 化就相当于准备了眼镜，任何时间、任何位置都能正确地使用刀具，从而缩短更换模具的时间。

要再特别准备夹具和夹紧刀具了。这样，只交换纸带，就能够灵活地切换操作。同样也就具备了与加工零件多样化相匹配的多样性特点。

微弯腰的姿势对 5 种手柄进行 20 多次操作。

而仅仅是对刀具进行正确的定位这一操作，NC 自动化就能够大大地减少操作人员的疲劳。

右手直角坐标系

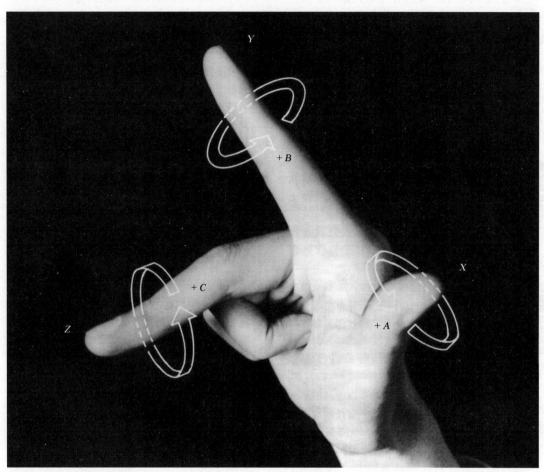

▲右手直角坐标系的说明

关于 NC 机床的坐标轴与运动记号，在 JIS B 6310—2003 中有详细的规定。为了易懂，我们将其分解开进行说明（因此可能会有不太严谨的地方）。

我们希望通过编写程序能使机床按预定

要求运转、加工。因此，要按照下面的规则进行编程。只要遵守这个规则，至少能使刀具按照预定的方向（X、Y、Z）以及预定的正负方向移动。

在本文的开头，已经用图片说明了"右手直角坐标系"。

用右手的大拇指和食指作出猜拳的剪刀形，再稍稍抬起中指。设最后抬起的中指为 Z，大拇指为 X，食指为 Y。指尖的方向为各自的正方向。这 3 根手指相互成直角，表示的是"直角坐标系"的 3 根轴的位置关系。

此外，还要决定回转轴。绕 X 回转的是 A，绕 Y 回转的是 B，绕 Z 回转的是 C。立式铣床的主轴（Z）是与台面垂直的。所以，立式铣床 NC 化了的转台（利用功能 M 进行割出操作的割出台并没有被 NC 化，所以与此内容无关）的回转是绕着 Z 进行的，所以为 C。而且一定要注意不能把 A、B、C 弄混，否则会重新开始回转。

A、B、C 所带的箭头是其回转的方向，表示的是正方向。

下面介绍膝形立式铣床的坐标系。第 66 页的图是各种机床的图以及固定在工件上的右手直角坐标系。此外，工件上所固定的坐标系是标准坐标系。编程时要按照这个标准坐标系所显示的方向来决定 X、Y、Z，按照各自箭头的方向在切削时写上 +，与箭头反方向的切削写上 − 就可以了。

有移动刀具至工件处的情况，也有刀具在固定的位置停下来，然后工件移动过来的情况，但必须按照标准坐标系的 X、Y、Z、+、−，沿着工件移动刀具来进行编程。把这想象成我们自己在沿着四方形的水池边散步就可以了。也可以想象成沿着大楼开车，或是模仿小飞侠彼得潘在骑着道具旅行。

让我们再把右手系这个词分解开来解释一下吧。首先，请思考一下普通的螺钉。说到普通的螺钉，就是指往右拧时向前进，往左拧时向后退的螺钉。用大拇指（X）和食指（Y）拿着螺钉，从 X（大拇指）向 Y（食指）旋转，螺钉向前进。前进的方向是 Z 的正方向。如果把拿螺钉的方式忽略掉，在右手系的情况下从 X 向 Y 旋转螺钉时，螺钉的前进方向是 Z 的正方向。

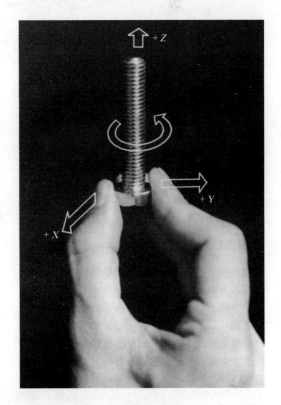

▲右手直角坐标系 Z 轴的正方向

65

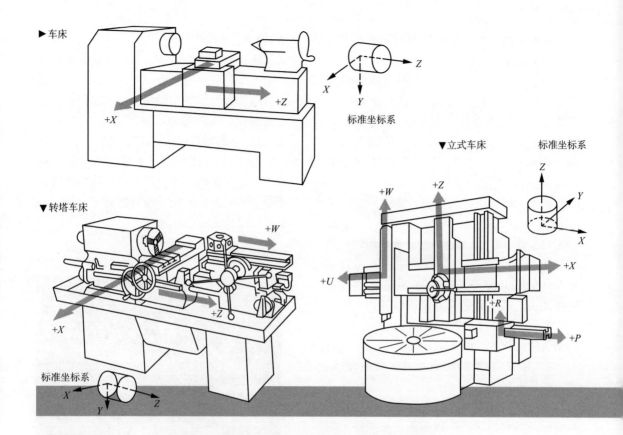

▶车床

+X

+Z

标准坐标系

Z

X

Y

▼立式车床　　　标准坐标系

+W　　+Z

Z

Y

X

+X

+U

+R

+P

▼转塔车床

+W

+X

+Z

标准坐标系

X

Y

Z

工件与机床的坐标系

标准坐标系

第 66~68 页列出的是工件与机床的坐标轴的说明图。

●Z轴

在机床的种类中，有工件旋转的机床，有像铣床和镗床一样刀具旋转的机床，也有像龙门刨床一样工件和刀具都不旋转的机床。

因此我们必须分类进行研究。

① 工件旋转时，Z 轴与工件的回转轴（主轴）平行，远离主轴的方向为正方向。

② 刀具旋转的情况下，不论是立式还是卧式，Z 轴都与主轴平行（主轴方向固定不变时），刀具远离工件的方向为正方向。

③ 与龙门刨床和压力机一样，工件与刀

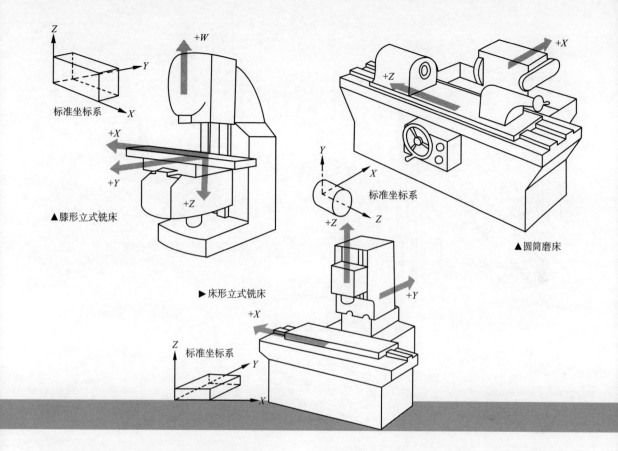

標准坐標系

▲膝形立式铣床

+W

+X
+Y

+Z

▶床形立式铣床

标准坐標系

+X

+Z
+X

标准坐標系

Z
X
+Z

▲圆筒磨床

+Y
+X

具都不旋转时，Z 轴与刀具夹紧面成直角，工件与刀具的间隔增加的方向为 Z 轴的正方向。

●**X 轴**

① 工件旋转时，设与 Z 轴垂直相交的平面为 XY 平面，在这个平面内，刀具的运动方向为 X 轴，远离工件的回转轴的方向为正方向。

② 工件不旋转时，在同样方法设定的 XY 平面内，水平方向为 X 轴，若是立式机，那么面对机器正面右手边为 X 轴的正方向。若是横式机，从主轴的方向观察工件，同样，右手边为 X 轴的正方向。

●**Y 轴**

剩下的 Y 轴由大拇指、食指和中指来决定。若大拇指为 X 方向，中指为 Z 方向，那么食指表示的就是 Y 方向。

机床的坐标轴

之前一直是用固定在工件上的标准坐标系来进行说明的，因为在机床上固定的直角坐标系的轴也用图片表示出来，所以再补充说明一下。但是，编程时使用的都是标准坐标系。

我们以铣床为例。铣床有左右进给、前

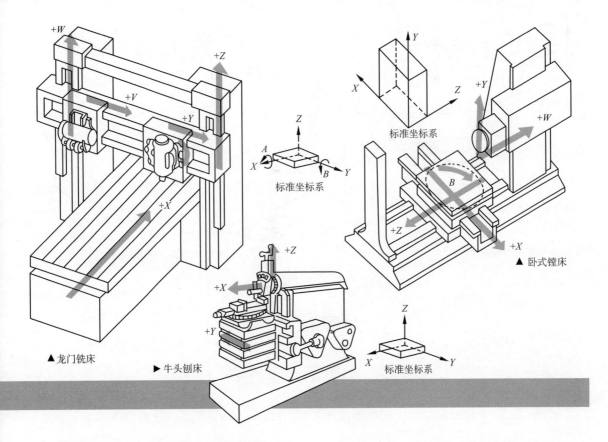

+W

+Z

+V

+Y

+X

Z

A

X

Y

B

标准坐标系

Y

X

Z

标准坐标系

+Y

+W

B

+Z

+X

▲ 卧式镗床

▲ 龙门铣床

+Z

+X

+Y

► 牛头刨床

Z

X

Y

标准坐标系

后进给、上下进给等主要的直线进给，当机床的坐标轴与这个直线运动相平行，固定在工件上的标准坐标系与机床的主要直线运动平行时，机床的坐标轴将与标准坐标系的坐标轴平行。

其中，有机床的坐标轴正方向与标准坐标系的坐标轴正方向相反的例子（例如立式铣床），这与机床的坐标轴正方向的决定方法有关。

所谓机床的坐标轴正方向，就是指工件上正方向尺寸增加的方向。因此，在刀具相对于工件运动（车床）的情况下，机床的坐

标轴方向与标准坐标系的坐标轴方向是一致的，但是在工件相对于刀具运动的情况下（铣床）则正好相反。

机床直线运动的正方向当然是机床坐标轴的正方向。正如前面讲述过的，有回转运动时的正方向，采取的是向标准坐标系坐标轴的正方向前进的右螺钉的回转方向。

另外，当刀具相对于工件运动时，与向标准坐标系坐标轴正方向前进的螺钉的回转方向一致，工件相对于刀具运动时（铣床的转台以及割出台的使用）则正好相反。

68

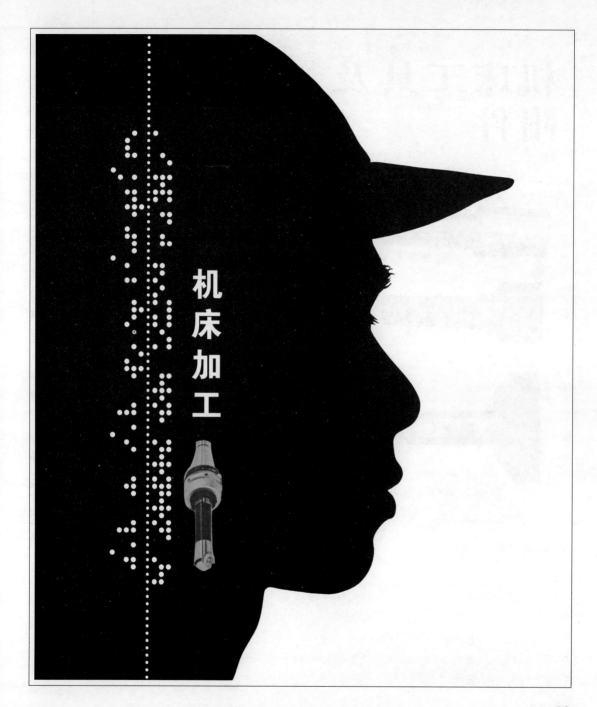

机床加工

机床工具及附件

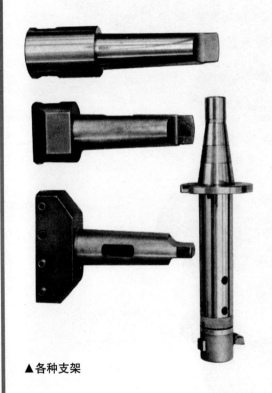

▲各种支架

使用机床进行零件加工时，放置工件和刀具的支架、机床附属的工件或者组成机床的零件，都称为机床工具及附件。

工件支架可以正确、牢固地放置工件，从而提高加工精度和加工效率，它是类似于车床卡盘的工具，安装在车床和铣床机器主体上使用。

为此目的而使用的工具还有卡盘、开槽夹头、磁性吸盘等。

工件支架与转塔车床、钻床、铣床、镗床等配套使用，主要是使切削刀具与机床连接，保证加工精度，缩短刀具交换时间，还有使操作简单化的作用。

一般来说机床加工（tooling）指的是使用刀架、套管、心轴等工具。

附件指的是机床用虎钳、转台、割出台一类，安装在铣床等的上面使用，作用是提高加工效率和加工精度。

机床用虎钳在使用时，还是其原来的形式，而转台和割出台与机床本身一样，是被 NC 化了的。或者说，大部分都能通过功能 M 割出。

在机器零件中，可以被称为机床工具及附件的有离合器、制动器、进给丝杠、滚柱轴承等。

▲NC 化割出台 (带有液压式伺服电动机)

▲NC 化转台

▲离合器

▲进给丝杠

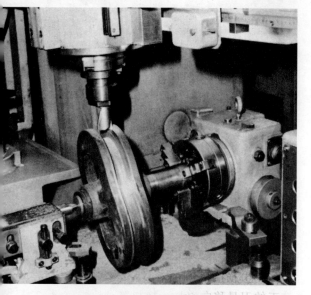

▲使用 NC 化割出台进行沟槽凸轮加工

▲滚柱轴承

对于像加工中心一样需要使用很多刀具的 NC 机床来说，自动换刀装置（ATC）是不可缺少的机床刀具（请参照第 56 页）。

除了第 56 页介绍过的以外，ATC 还有很多其他形式，在这里我们举其中一例，熟悉一下换刀的过程。

ATC 的结构

▼日立精机 **6MB** 型加工中心

① 加工结束后，主轴头开始向刀具交换位置上升。途中，进行主轴回转方向的定位。

② 主轴头开始向刀具交换位置上升后，出现刀具交换指令，横撑向前移动，从主轴中抽出刀具。

③ 横撑顺时针方向旋转 90°，将完成加工的刀具移向刀具运输装置，然后再将下一个工序所用的刀具插入主轴。

④ 刀具运输装置将完成加工的刀具运送到刀具库的交换位置。

⑤ 刀具运输装置来到刀具库的交换位置后再作 90°旋转。

⑥ 双撑（twin arm）作 45°旋转，提起完成加工的刀具，以及那个刀具后的第 5 道工序所用的刀具（在横撑和主轴上留有一部分工序）。

⑦ 双撑向前移动，抽出已经使用完的刀具和刀具库中第 5 道工序的刀具，再旋转 180°。

⑧ 双撑后退，将完成加工的刀具插入刀具库，将第 5 道工序的刀具插入刀具运输装置，作 45°旋转返回原处。

⑨ 刀具运输装置朝横撑方向返回，将新刀具插入横撑，变为①的状态。刀具库中，第 6 道工序的刀具开始向交换位置移动。

刀具的拿法与选择方法

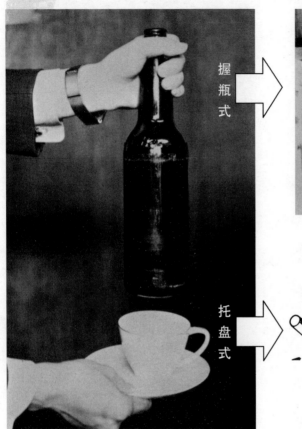

握瓶式

托盘式

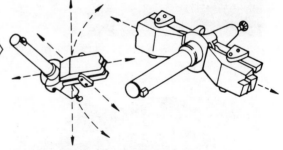

● 拿法

　　ATC 是代替人手拿着刀具（主要是刀架）进行交换操作的。其拿法有两种。

　　有拿瓶子（Bottle）的"握瓶式（Bottle grip）"和拿茶托（Saucer）的"托盘式（Saucer grip）"，每种方法都有其各自的优点。

● 选择方法

　　对刀具进行选择使用时有两种方式。事先按照使用顺序将刀具摆好，再依次使用刀具的"顺次选择方式"以及"任意选择方式"，即不管排列顺序，需要时选择要使用的刀具。

　　我们在吃西餐时，服务员会为我们把刀叉按照上菜的顺序摆好。银刀用来切鱼，铁叉用来叉肉，这样我们就不用再逐一识别，在每次换菜时从外侧向内侧按顺序使用就可以了。

▲顺次选择方式是将刀具事先按照工序顺序排好,再依次使用,这与吃西餐时从外侧向内侧依次使用刀叉是一样的道理

这与"顺次选择方式"很相似。配合工序来放置刀具,再按照摆好的顺序用功能M06交换刀具来使用。

另一方面,"任意选择方式"也叫做随机式,与被放置的顺序无关,只选择使用时需要的刀具。选择刀具有3种方法。

① 叫人的时候,我们通常叫对方的名字。不管他是在哪个房间,或者他与别人随意交换了房间,这些都不妨碍我们叫他的名字。刀具也都有自己的代码,所以在使用刀具前后,不管刀具库的保管位置是否改变,都没有影响。

② 住院的人在其病房门口都挂着自己的姓名牌,即使病人外出也必定会回到那个有自己姓名牌的病房。假如必须换病房的话也没关系,只要把姓名牌挂在新病房的门口就可以了。有事时看一眼姓名牌就可以把病人喊出来。

刀具也有与姓名牌类似的代码钥,代码钥是刀具随身携带的,因此,需要使用某种刀具时选择它的代码钥就可以了。

③ 假设你住在旅馆的3号间,那么不论是泡完温泉回来,还是散步回来,你都会回到那个3号房间。而且,服务员会称你为"3号房客"。

刀具也是一样,将"超硬二面刃、φ15立铣刀"与刀具库的7#配在一起的话,需要这个刀具时反复选择"T07"就可以了。

▲按照使用顺序插入刀具

刀具系统

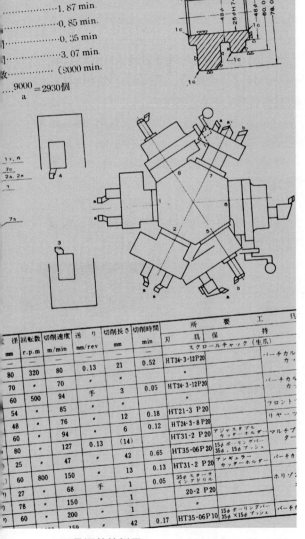

上部图中标注：

- 3A形
- S45C
- 1.87 min.
- 0.85 min.
- 0.35 min.
- 3.07 min.
- （9000 min.
- 9000＝2930个
  - a

图中标注：48φ、25φH7、48φ、78φ、1c、2a、2、7a 等

径	回転数	切削速度	送り	切削長さ	切削時間	所 要 工 具			
mm	r.p.m	m/min	mm/rev	mm	min	刃 保 持			
						スクロールチャック（生爪）			
80	320	80	0.13	21	0.52	HT24-3-12P20			バーチカル
70	〃	70	〃	3	0.05	HT24-3-12P20			バーチカル カ
60	500	94	手	3					フロント
54	〃	85	〃	12	0.18	HT21-3 P20			リヤーツ
48	〃	76	〃	6	0.12	HT24-3-8 P20			
60	〃	94	0.13	(14)		HT31-2 P20	アジャスタブル カッターホルダー		マルチプ ター
80	〃	127	〃	42	0.65	HT35-06P20	15φ ボーリングバー 35φ ×15φ ブッシュ		
25	〃	47		13	0.13	HT31-2 P20	アンギュラー カッターホルダー		バーチカ
60	800	150	手	1	0.05	35φ スターリ インデリドリル			ホリゾン
27	〃	68	〃	1		20-2 P20			
78	〃	150	〃	1					バーチカ
60	〃	200	〃	42	0.17	HT35-06P10	15φ ボーリングバー 35φ ×15φ ブッシュ		
		159		42					

▲刀具调整的例子

使用 NC 机床进行切削操作时，不能胡乱地使用刀具切削。首先，要制作刀具图表，再根据这个图表进行刀具调整，然后进行加工。有句俗语"傻子和剪子，看你会用不会用"，虽然不至于像那句俗语一样，但是刀具也有其灵活的一面。

一套高尔夫球有好几根球棒，根据不同的场合和状况选择不同的球棒。铣床操作所使用的刀具种类比车床操作多得多，什么时候使用什么样的刀具，怎样使用才好等，这些对铣床操作的效率影响很大。

我们不能毫无计划地使用这些多种多样的刀具，而是应该有一个目标，并为了与这个目标相吻合来进行选择、组合，使用具有最合适的切削条件的刀具系统。

特别是因为 NC 机床的操作涉及领域广，与其对应的刀具种类也多，所以，如果用 1 个刀具和 1 个支架的方式来放置这些刀具的话会花费很多费用。现在，已经实现了在 1 个支架上配有多种适配器、有缝夹套等的组合式刀具系统来放置各种刀具。

我们把这称为刀具系统。

要素不同，或有细微差别，系统当然也就不同。现在，刀具制造商和使用者们都在研发和使用各种各样不同的刀具系统。

机床主轴锥部的形状尺寸一直是由 JIS 规格规定的，因此，嵌在此处的刀具的杆部尺寸也是按照 JIS 规格和 MAS 规格来规定的。

杆柄有推拔柄和直柄两种，因为 ATC 使用的拿法有两种，所以可以分为握瓶式推拔柄、托盘式推拔柄、握瓶式直柄、托盘式直柄。其中，握瓶式推拔柄的应用是最广的。

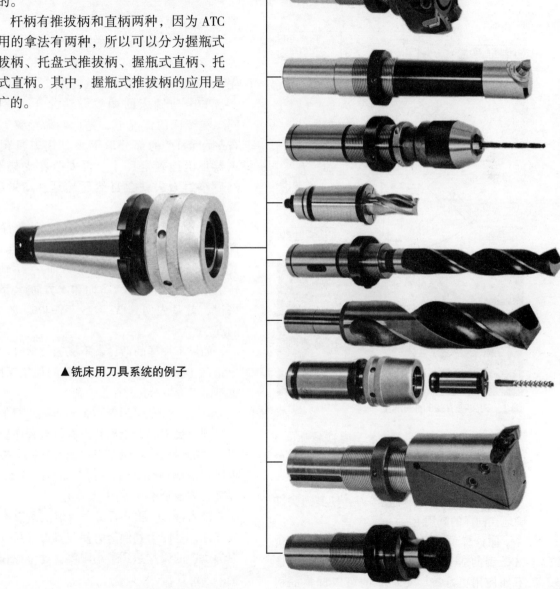

▲铣床用刀具系统的例子

刀具预置

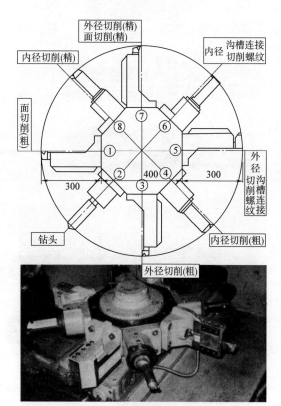

外径切削(精)
面切削(精)

内径切削(精)

内径 沟槽连接
切削螺纹

面切削粗

外径切削沟槽螺纹连接

钻头

内径切削(粗)

外径切削(粗)

图1　刀尖在 R500 的圆周上

　　第76页 NC 转塔车床的刀具调整如图1所示，车刀刀尖准确地定位在 R500 的圆周上。这样，程序的步骤就很简单了。

　　但是，我们必须调整车刀，使其刀尖准确地在同样的圆周上。

　　像这样的调整操作，与其停止运转价格昂贵的 NC 机床之后在机器上进行，还不如使用更准确、更简单的可以调整的机器或装置。

　　以此为目的而制造的机器或装置，称为刀具预校正器（Tool Presetter）。意思就是预先对刀具进行调整的机器（装置）。

　　车床与铣床的调整方法多少有些不同。在车床的情况下，先把叫做预置刀具（preset tool）的部分取下来，用刀具预校正器正确地确定尺寸，再安装在支架上，然后车刀刀尖就会自然而然地在 R500 的圆周上了。

　　对于使用回转刀具的加工中心的程序来说，最基本的因素是，主轴回到原点时，其轨迹线回到固定的线（Z 方向），主轴回转中心位于固定点（X 方向和 Y 方向）。举例来说，就是先回到 X=-425、Y=400、Z=750 的点。

　　如果不那样的话，就不能通过 Z 轴的指令正确指示面的加工厚度和孔的加工深度，也不能正确指示孔的加工位置。

　　即使机床正确地回到了原点，假如刀具的轨迹线到刀具刀尖的距离并没有符合程序所使用尺寸的话，或者说车刀不能在搪杆上按照程序正确地进行 $\phi50$ 尺寸控制的话，那么 NC 程序的数值就会彻底失去作用。

　　输入进 NC 纸带的指令数值之所以有其权威性，是因为我们努力使刀具刀尖尺寸和刀尖位置的误差达到最小限度。这个操作就是刀具预置。

▼ 车床用车刀的预置

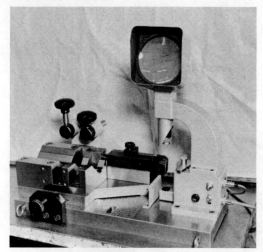

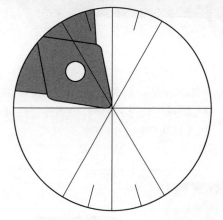

车刀的切削是通过刀尖进行的。因此，车刀用预校正器是将车刀下方的光源投影到阴影部，再正确调整横向与较长线方向，以使车刀的阴影与画面的发纹相接。

▼ 加工中心用镗刀的预置

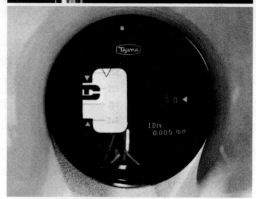

顶端位置对准 0 点（上），外周位置对准 0 点（中），看装置右侧的镜头，对准 0 点时显示尺寸（下）。

可调适配器

用机床进行零件加工时，将刀具准确送到加工位置是首先要做的工作。这就是为什么功能最简单的定位控制装置要进行NC化的原因。

思考一下NC钻床的情况。手动进行孔加工，给出信号驱动凸轮，或者顺便进行NC操作，这些都可以用NC将钻头控制在加工位置。但是，不论哪种情况，都存在着是否能按照指定的深度进行孔加工的问题。

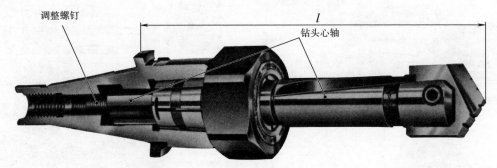

▲使用钻头时，在程序中要使用从支架的轨迹线到钻头刀尖的长度 l，所以必须要对应程序来调整 l。用普通的说法来讲，就是调整钻头心轴潜入卡盘本体的深度。钻头心轴的终端会碰到调整螺钉，因此，应从支架后侧插入螺钉旋具，稍微调整一下调整螺钉，再调整心轴的停止位置。

但是，为了能从支架后侧使用螺钉旋具，必须把支架从机床主轴上卸下来。

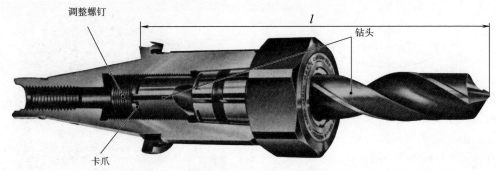

▲上个例子中在对钻头长度 l 进行稍微调整时，需要将支架从机床主轴上卸下来一次。而这次同样是通过螺钉对 l 进行稍微调整，却可以不用卸下支架。因此，代替螺钉旋具，在钻头的末端装有像螺钉旋具一样的钩子，用这个钩子从前面对调整螺钉进行稍微调整。只不过此时不能使用市场上卖的普通钻头。铰刀、搪杆、锥形套筒也配有附带钩子的特别装置。

手动操作时要观察刻度，调整用于控制深度的塞子的位置。即使是钻头的孔加工，在 NC 化时孔深的指定也都是以"Z—"的形式输入进纸带的。我们都知道，是在钻头长度的基础上来决定 Z 轴移动量的。钻头短的话就靠近一些，长的话就需要分别停止。

▲在杆部环绕着螺钉，并嵌有调整螺母。使调整螺母的端面和卡盘本体的端面（基准面）贴紧，调整从轨迹线到刀尖的尺寸。正面铣刀和丝锥也可以用同样的方法来调整尺寸。

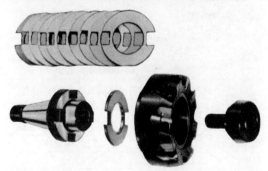

▲给心轴安装正面铣刀时，在心轴与刀具之间插入垫板进行安装。这是根据垫板的厚度适当地调整切削刃尺寸的方法。垫板中，有一种是从 3.0mm 到 4.0mm 之间每 0.1mm 为 1 个，合计 11 个。

不光是钻头，还有正面铣刀和立铣刀，可以说所有的刀具在加工工件时，使刀具移动的 Z 轴指令值都可以用下面的公式，即

加工对象尺寸 + 刀具长度 +Z 移动量 = 固定值（由机床决定的固定值）
在这里，零件图上规定了零件尺寸和夹紧刀具尺寸，那么从上面的关系式可以导出

刀具长度（从轨迹线到刀尖的距离）+Z 移动量 = 固定值

但是，制作纸带时，我们假设一个使用刀具的长度，并与之相符确定了 Z 移动量，在快要开始加工的时候，万一刀具长度发生了变化，我们也还要遵循"刀具长度 +Z 移动量 = 固定值"的原则。

要想使值"固定"有两种方法，一种是将刀具长度调整为预定的尺寸，另外一种是通过改变 Z 移动量来补充刀具长度的变更。

第二种方法也叫做刀具位置补偿法、刀具尺寸补偿法，是使用功能指令 G45、G46 等的方法，此方法非常灵活。

举一个例子。设刀具长度 $l=150mm$，移动量为"Z-50000"，若实际长度 $l=145.5mm$ 的话，通过按刀具尺寸补偿开关 +450，在 G45 的步骤中可以加算 4.5mm。因此实际移动"Z-50450"。

第一种方法是直接调整刀具切削刃尺寸的方法。为了进行调整，在刀具、刀具支架、刀具中间支架中设有某种构造，如图所示有很多种方法。可调适配器就是能调整切削刃尺寸的刀具中间支架。

切削工具与切削条件

我们以钻头和立铣刀为例，探讨一下切削条件的选择方法对操作效率有怎样的影响。

●钻头

需要考虑的切削条件有切削速度、进给速度、切削液、被削材质、被削材的硬度以及开孔的深度等。

切削速度为钻头每分钟的外周速度（m/min），进给速度为每分钟的进给量（mm/min），但是在实际的操作中，使用主轴转速（r/min）和回转一次的进给量（mm/r）。

钻头的外周速度（m/min）=〔3.14×钻头的直径（mm）×转速（r/min）〕/1000，每分钟的进给（mm/min）=回转一次的进给（mm/r）×转速（r/min），切削速度和进给的标准值如表所示（神户制钢公司资料）。

使用钻头进行孔加工时经常出现的问题是切削速度过快和进给过多。

切削速度过快，会破坏钻头外周的角，从而使机床的运转效率降低。因此，应该减小转速，或者选择更能耐高转速的质量好的钻头。

进给过多，会使推力负荷过重，使钻头刃的最前端和刀锋破损，最终导致降低机床运转效率。

此外，还应注意钻头的研磨状态。逃角太小的话，刀锋的摩擦变大，切削热也会随之增大，导致折损，开孔个数也会减少。

相反，太大的话，虽然开始切削得很好，但是刀锋也会提早变钝。如果钻头前端的刀锋角度不一致，那么钻头其中一边的刀锋就会切削得很费力，磨耗加速，寿命缩短。

在切削液不合适的情况下，如果选择错误的钻头，碎屑的排出就会不通畅，也容易出现熔接。

▼钻头切削速度的标准值

被 削 材		切削速度/(m/min)	切削油剂
碳素钢	碳的质量分数在 0.4%以下	24~33	水溶性切削液或硫磺添加剂
	0.4%~0.7%	18~24	
	0.7%以上	12~18	
合金钢	60kg/mm² 以上	15~18	水溶性切削液
	60~80kg/mm²	9~15	
	80kg/mm² 以上	5~9	
不锈钢	马氏体(martensite)	10~20	非水溶性切削液（矿油、植物油）
	亚铁盐(ferrite)	15~18	
	奥氏体(austenite)	5~15	
铸铁	HB150	25~45	干式
	HB170	20~25	
	HB250	15~20	
12%~14%锰钢		3.5~4.5	硫化油
铝、铝合金		60~90	轻油
青铜	一般	45~75	水溶性切削油或者矿油
	高抗张力	22.4~45	
镁、镁合金		60~120	干式或者矿油
蒙氏合金		9~15	硫化油
镍钢		9~15	
锌合金		45~80	
铜以及黄铜（中软）		45~90	干式或者矿油
炮铜		60~75	
快削钢		8~22	
塑料		30~90	肥皂水或者无添加
镍铬钛合金（nimonic）		6~9	

●立铣刀

在立铣刀的外周和端面有刀锋（外周刃、底刃），用于表面切削、沟槽加工、轮廓加工、底面切削等。

立铣刀的种类有：

① 二面刃立铣刀（有直柄和推拔柄）

② 立铣刀（有直柄和推拔柄）

③ 壳形铣刀（多刃式铣刀没有柄）

立铣刀的切削条件为：

① 切削速度由立铣刀的材料、被切削的材料、切削方法以及立铣刀的直径来决定，要想延长刀具寿命最好是降低速度。以布氏硬度为基准来决定切削速度是很方便的。

② 进给量是每一刀切削的材料的量，也就是每一刀的进给来表示的量，是立铣刀回转一次的进给与刃数相除后的结果。

每一刀的进给量受加工零件的刚性、机床与夹紧刀具的刚性、刀具的刚性以及机床所具备的动力限制。

▼钻头进给量的标准值

加工件材料 \ 钻头直径	进给速度 /(mm/r)											
	1.6~3	3~4	4~5.5	5.5~8	8~11	11~14.5	14.5~17.5	17.5~20.5	20.5~24	24~28.5	28.5~38	38以上
一般钢材	0.05~0.06	0.05~0.1	0.08~0.15	0.1~0.2	0.15~0.25	0.2~0.3	0.23~0.33	0.25~0.36	0.28~0.38	0.3~0.4	0.35~0.45	0.4~0.5
不锈钢及镍铬钛合金（奥氏体系列）	0.05~0.08	0.06~0.15	0.1~0.23	0.13~0.3	0.19~0.35	0.25~0.45	0.28~0.5	0.31~0.53	0.34~0.56	0.38~0.6	0.44~0.68	0.5~0.7

▼立铣刀的切削速度和进给量的标准值

加工件材料		切削速度 /(m/min)		进给速度 /(mm/tooth)		
		粗切削	精切削	直径 φ10 以上	直径 φ30 以下	大于直径 φ30
铸铁	HB150~180	18~22	24~34	0.02~0.05	0.03~0.2	0.2
	HB180~220	15~18	24~34	0.02~0.05	0.03~0.18	0.18
	HB220~300	12~15	20~27	0.01~0.04	0.03~0.15	0.15
可锻铸铁		25~30	34~40	0.01~0.04	0.03~0.15	0.15
铸铁		14~18	21~27	0.01~0.04	0.03~0.15	0.15
快削低碳素钢		18~25	30~36	0.01~0.04	0.03~0.15	0.15
低碳素钢		18~25	30~36	0.01~0.04	0.02~0.15	0.13
中碳素钢		22~28	27~36	0.01~0.04	0.02~0.15	0.13
合金钢	HB180~220	18~24	25~30	0.01~0.04	0.02~0.15	0.1
	HB220~300	15~18	21~27	0.01~0.03	0.02~0.08	0.08
	HB300~400	12~15	18~21	0.01~0.02	0.01~0.05	0.05
不锈钢（快削）		18~24	30~36	0.01~0.04	0.02~0.15	0.13
不锈钢		18~24	30~36	0.01~0.03	0.02~0.08	0.08
一般情况下,精切削所使用的值比粗切削略高						

有效利用刀具的重要性

▲很好地使用 NC 的关键是有效利用好的刀具系统

随着考试日期的临近，图书馆和自习室就会坐满备考的学生。还有的人会在那里等待空座。如果是 60 分及格的话，即使是及格绰绰有余的考生，也会为了多得一分而努力。

如果是 300 分为满分，一个人得 80%就是 240 分，而另一个人得 70%就是 210 分，这其中 30 分的差距也许就会使那个人失掉某种机会。

机床工厂也有类似的情况。一家工厂的原材料费是

200 日元，加工费是 400 日元，制造成本就是 600 日元，那么卖价是 800 日元的话会获得 200 日元的利润。

另一家工厂的原材料费和卖价与其相同，如果将加工费降低至 300 日元的话就会获得 300 日元的利润。虽然看起来哪一家都获得了利润，但是前者损失掉了 100 日元的利润，而这是通过努力就能获得的。

我们把这称为机会损失。

尽可能地减少机会损失对每个企业来说是很重要的。这关系到企业的兴衰，与考试失分是同样效果。

我们的社会充斥着纷繁复杂的商品。因此，也就有各种各样的机床加工零件。仅仅是为了高效率地加工这些多种多样的零件并销售它们，不得不说 NC 机床的存在价值是非常大的。这反映了 NC 机床的灵活性和多样性的特点。

但是，即使是这样神通广大的 NC 机床，如果空手的话也是不会为我们工作的。它需要刀具的帮忙。而且，刀具越完备越好，它关系到上面讲到的机会损失。

因此，对于以灵活性和多样性为优点的 NC 机床来说，能够发挥这个优点的刀具系统是非常重要的。

▲ 系统管理都很重要

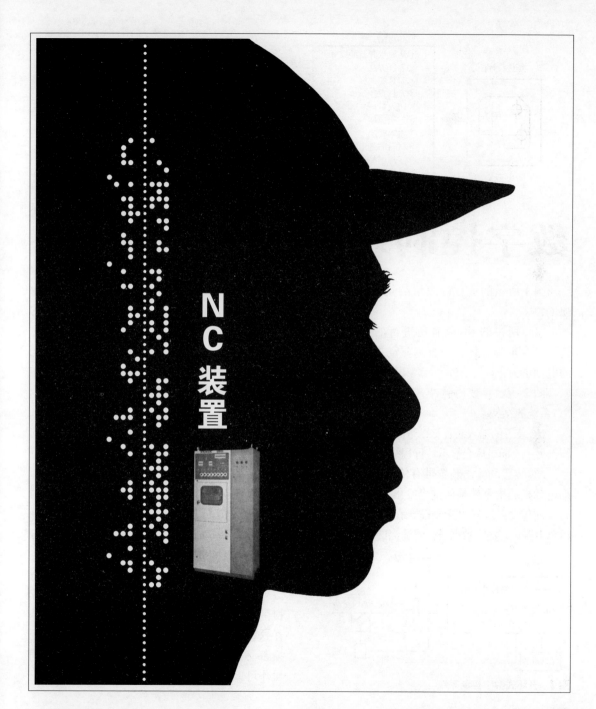

NC 装置

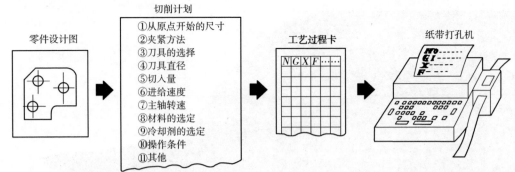

零件设计图

切削计划
①从原点开始的尺寸
②夹紧方法
③刀具的选择
④刀具直径
⑤切入量
⑥进给速度
⑦主轴转速
⑧材料的选定
⑨冷却剂的选定
⑩操作条件
⑪其他

工艺过程卡

纸带打孔机

图1　NC机床的加工顺序

数字控制系统与 NC 装置

　　图 1 所示的流程图表示的是 NC 机床的加工顺序。

　　这里所说的 NC 装置所进行的操作是从读取指令纸带开始，一直到驱动机床所配备的电动机为止。

　　图 2 所示是使用脉冲式电动机的开环式 NC 系统的结构。

　　NC 装置的输入装置有纸带阅读机和操作面板，另一方面机床会显示"行程结束"等信号。

　　NC 装置的输出装置带有传动系统，对驱动电动机的指令就是从这里发出。

　　向传动系统发出指令前，在 NC 装置内的运算电路正对输入数据进行着适当的处理操作。

　　NC 装置具备多种多样的功能，包括进行输入方面操作的输入装置，进行运算方面操作的运算装置，进行伺服方面操作的伺服装置。

　　使用 NC 机床进行零件加工时，与其他普通机床相同的是，首先要从研究加工图样开始。看完加工图样之后，就知道了加工位置，可以确定必要的工序。接着确定夹紧工具、刀具、加工顺序、加工条件等。也有的是带着加工想法到车间去，看看原材料，再来确定上述那些内容。

　　要运转 NC 机床就必须准备纸带，因此，首先应将想好的顺序写在工艺过程卡（process sheet）上，再按照过程卡给纸带打孔，然后将纸带挂在纸带阅读机上。

　　因为 NC 机床不带有手柄类的装置，所以就必须在操作面板上进行操作。纸带阅读机的起动指令（从纸带阅读方法开始）也是在这里给出。此外，有些机床的主轴转速变换都必须通过操作面板进行。当然，简单的操作可以通过手动来变换。

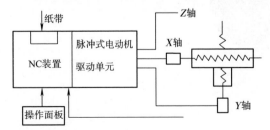

图2　开环式数字控制系统

86

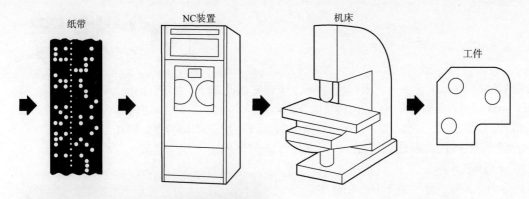

纸带　　　　　　NC装置　　　　　　机床　　　　　　　　工件

▲纸带打孔机

输入进纸带的指令通过纸带阅读机被读取，在 NC 装置中被分类，有关切削的指令经过驱动伺服电动机（这里的例子为脉冲式电动机），最后被送往各轴的伺服电动机。

机床操作方面包括 NC 装置所产生信号的分开使用，主轴的旋转、反转、停止，切削液的供给和停止，各种主轴转速的选择等。

这种信号并不经过传动系统，而是直接被送往机床，是一种性质稍微不同的信号。

而且，机床出现问题时，反过来机床会向 NC 装置发出警报。

NC 的结构如图 3 所示。根据伺服电动机种类的不同，就有了获得反馈信号的必要。根据计算机构造能力大小的不同，可得到各种各样的 NC 装置，还有各种各样的程序与计算机构造相匹配。

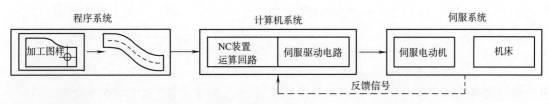

图3　NC 的结构

NC 装置

▼请看图片的左上部。

OH（over heat）：控制装置内的温度超过了容许值时，灯亮，装置停止运转。解决过热的问题后，按RESET按钮，灯灭。

OT（over travel）：显示机床行程结束，该轴在前进的方向进给时立即停止。

R（register check）：指令代码或者数值自动记录器出现错误时，灯亮。

TH（tape horizontal check）与TV（tape vertical check）：纸带读取出现错误时灯亮。检查水平方向（TH）和垂直方向（TV）是否漏读。

P/S（program/setting error）：警告程序上的错误。

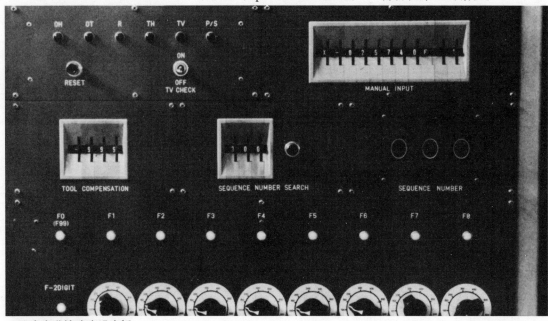

▲下边为进给速度设定板。

F 1 位进给：F1～F 8 位各代码的内容都是通过这个刻度盘来决定的。通常使用的值是 1～5，进给速度为 200mm/min。正在使用哪个代码，哪个代码的灯就亮。例如正在使用 F 1 时 F 1 处的灯亮，使用 F 5 进行 NC 加工时 F 5 处的灯亮。

F 2 位、F 3 位、F 4 位不像 F 1 位那样有刻度盘，它们只有灯。用灯亮来表示正在使用。图中所示的例子是只能使用 F 1 位和 F 2 位的装置，F 2 位用 F-2DIGIT 来表示。另外，因为快进时没有速度调整，所以没有刻度盘。要快进的话，F 1 位使用 F 0，F 2 位就使用 F 99，也就是说同一个灯有两个代码。

的外观

● 传动系统显示板

▲传动系统显示板上有显示各个电动机励磁相状态的灯、指令符号和切削对称图形物体的镜像开关等。

● 纸带阅读机

▲打开纸带阅读机的柜门挂上纸带。

按下纸带阅读机的按钮，整理纸带，若切换成自动按钮的话，操作面板的纸带就开始起动。纸带阅读机分为有卷盘和无卷盘两种。关于此内容在第90页进行介绍。

励磁相：根据脉冲式电动机（由5相构成，请参照第94页）接受的指令，因为励磁的过程是3相→2相→3相→2相，所以应该是5个灯中的3个亮或2个亮，忽亮忽灭地移动。灯光亮灭的速度相当于脉冲式电动机的速度。向反方向回转时，灯的亮灭也是反方向进行。

对称图形：在表示 X、Y、Z 轴的字母下面有写着 NOR、REV 的开关，它们分别表示顺方向（NOR）和反方向（REV）。若按下 X 轴下面的 NOR 开关，那么"X12345"就表示正方向移动12345mm，若按下 REV 开关，在 NC 装置中正好相反，按"X-12345"来处理。

纸带阅读机

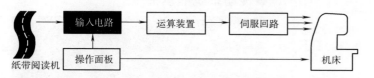

纸带阅读机 → 输入电路 → 运算装置 → 伺服回路 → 机床
操作面板

机械式的读取纸带的装置大部分都是用于定位控制的。因为其每秒 25 个字（25ch/s）的读取速度已经足够了。直线切削、轮廓切削的控制大部分使用读取速度大的光电式纸带阅读机。

图①所示是打开 NC 装置的门后卸下纸带阅读机的盖子时的特写。图 1 所示是它的结构图。

灯光由于集光镜头的作用变成平行光线，向下面排列的图②所示的 8 个光电素子投光（图①的右侧部分）。纸带上的孔被光电素子读取，$I_1 \sim I_8$ 的信号在这个过程中被放大，进入到 NC 装置中。

在链轮齿孔（图 2 所示的

① 卸下纸带阅读机的盖子

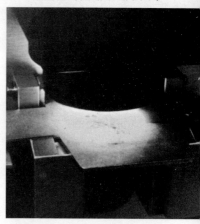

② 在镜头下面排列着光电素子

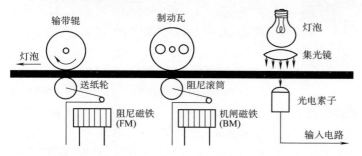

图 1　纸带阅读机的结构

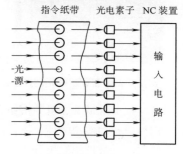

图 2　光电素子的结构

小孔）的下面也有 1 个光电素子，而这个孔必须在整个纸带上都被打开，从这里发出的信号 I_s 进入到 NC 装置内的输入控制装置，管理纸带读取操作的起动和停止。

拍照片时使用的曝光表将当时的亮度（曝光表受光的量）用刻度表示出来，如果曝光表装在相机里的话就会自动调节光圈。光变成了电，而产生的电使曝光表的指针移动，或使相机的光圈发生调整。像这样，具有把光变成电的能力的物质（具有光电效果的物质）就是光电素子。

接下来，让我们看一下传送纸带的构造吧。请看图①和图 1。

从图①中可以看出，构造说明图上所显示的磁石在传送纸带时，以及在刹闸停止纸带传送时使用。通过从纸带上的小孔所获得的信号 I_s 来控制这个操作。

在 NC 装置为 ON 的状态下，输带辊不断地向图 1 所示的方向回转。FM（Feed Magnet）得到起动纸带的指令开始运转后，送纸轮会把纸带送向输带辊，因此在图中，纸带是向左移动。这与传送纸带记录器中纸带的结构是一样的。在传送过程中 NC 指令被读取，各个数值按照地址进入自动记录器。

进入最后一个步骤。读 CR 时看到 FM 为 OFF，送纸轮送出纸带，反过来 BM（brake magnet）开始运转，阻尼滚筒将纸带送往制动瓦，因此纸带就立即停止了。此外，在输入电路以下的地方正在进行对 NC 的处理。

另外，纸带阅读机有图①所示的无卷盘式和图③所示的有卷盘式。加工形状复杂的工件时纸带很长，因此需要使用卷盘。

③ 带有卷盘的纸带阅读机

▲这是被称作花边刺绣机的提花织机部分，是刺绣机的 NC 装置。它全部都是机械式。这是根据法国人贾卡的构想制造出来的，至今已使用 160 多年了。它由输入装置、运算装置和伺服装置构成，纸带通过指针来读取。

运算装置

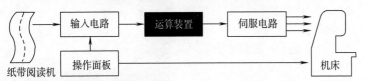

纸带阅读机 → 输入电路 → **运算装置** → 伺服电路 → 机床

操作面板

运算装置根据从输入装置获得的各种指令数据进行运算，通过 +X、-X、+Y、-Y 等端子将运算结果作为驱动脉冲分配给下一个伺服。

在探讨数字控制装置内电子电路的运算装置之前，首先来思考一下弹珠游戏中能够按照确定好的数量取出弹珠的装置。

如图 1 所示，由枢轴控制的 3 个出入口 A、B、C，出入口向左倾斜时，从上面落下来的弹珠就会向右下方落下，下一个出入口向右倾斜。而出入口向右倾斜时，弹珠会落在左边，下一个出入口就向左倾斜。

只要旋塞 G 开着，弹珠就会以固定的重复的速度滚落下来，而如果出入口全部向右倾斜时，G 关闭，弹珠的流动就会停止。

我们来做一个实验。

首先，将出入口 A、B、C 分别设置为左、右、左 (1, 0, 1)。控制好旋塞 G，使弹珠一个一个地滚落，并仔细观察出入口的变化，即 (1, 0, 0)、(0, 1, 1)、(0, 1, 0)、(0, 0, 1)、(0, 0, 0)。最后，出入口全部向右倾斜，旋塞 G 关闭，弹珠停止滚动。至此落下的弹珠数是 5 个。

那么，为什么会落下 5 个呢。这是由于受到最初设置的 101（二进制的 5）的

限制。如果最初设置为 111（二进制的 7），变为 000 后就会有 7 个弹珠落下。

用电子电路制作预置计数器，应该可以传送出所希望的脉冲个数。这也就是运算电路。

用定位控制执行增量式指令时，在计数器上设置定位距离。在计数器中连接有监视计数器内容的 0 检验器，当判断为 0 时就会立即关闭旋塞 G，脉冲停止向伺服方向流动。

脉冲是由发振器发出的，但是在定位控制的情况下，脉冲的速度可以是固定的，所以对发振器来说，也使用固定的周波数就可以了。

将计数器预先设置好的数值减 1，与此同时，1 个脉冲通过出入口，按照数值的符号沿着 + 方向或 - 方向的线流向伺服。

最后一个脉冲通过后，计数器变为 0，旋塞 G 被关闭，脉冲停止流动。流向伺服的脉冲数量等于预置数值。

通过 X、Y、Z 指令地址来转换指令脉冲流路的话，还可以用原来的运算装置进行一轴同时定位控制，若凑齐 2 组、3 组同样脉冲的话，也可以进行二轴同时控制、三轴同时控制。

输入电路

脉冲发振器 → 计数器（运算电路）

零相检测器

G → 轴与正负向的切换

运算装置

流向伺服电路 → +X / -X / +Y / -Y / +Z / -Z

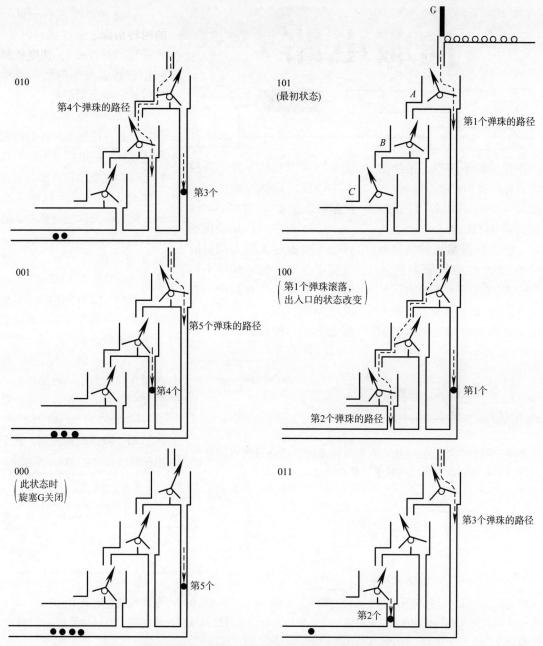

图1 预置计数器的说明(以弹珠游戏中取出弹珠的机械计数器为例)

93

伺服电路 ①

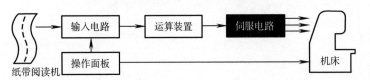

纸带阅读机 → 输入电路 → 运算装置 → **伺服电路** → 机床
操作面板

在伺服电路中，接受运算装置所发出的指令脉冲后，以某个速度将机器（伺服）送到某个位置。

作为伺服使用的伺服电动机，为电动伺服时使用"DC（直流）电动机"和"脉冲式电动机"。其中，在驱动电动机为脉冲式电动机的情况下，可以用脉冲数直接控制移动量，用脉冲速度直接控制移动速度。

与此相反，DC 电动机的转速可以通过流向电动机的电流来控制，但是那样不能够进行正确的位置控制，需要使用检验器，采用设置比较电路的"闭环式"。

脉冲式电动机每个脉冲的回转角都非常准确，因此，可采用"开环式"，速度控制和位置控制都不需要从机床的运转获得反馈信号。

机床等所使用的脉冲式电动机分为，按照电脉冲的数量和速度回转的电脉冲电动机和将电脉冲电动机和液压电动机一体化的电—液压脉冲电动机，把它们总称为"脉冲式电动机"。用符号表示的话，电脉冲电动机为 EPM，电—液压脉冲电动机为 EHPM。

既然 EHPM 包括液压电动机，那么就需要液压阀来给液压电动机输送油压。液压阀是油的出口，类似于水龙头，可控制入口的大小。电脉冲电动机控制这个液压阀。电脉冲电动机按照 NC 指令回转，随着它的转动，液压阀被控制，整个电—液压脉冲电动机运转起来。

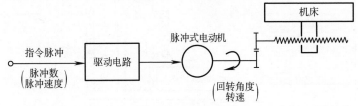

开环式：脉冲的参数包括脉冲数和脉冲速度，这两者可以同时控制回转角度（移动距离）和转速（移动速度）。

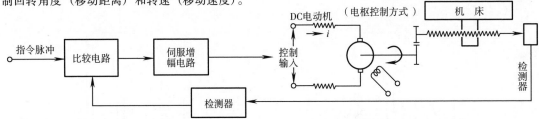

闭环式：指令脉冲经过伺服电路变为控制输入，控制输入控制的是随 DC 电动机的电枢流动的电流。电动机的转速就是由这个电流的大小来决定的。在定位方面，还有检验器和比较电路，与目标值相吻合时停止机器。

图1　开环式与闭环式的区别

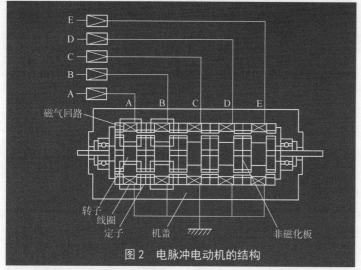

图2 电脉冲电动机的结构

斜齿轮比平齿轮更能流畅地回转，我们可以认为，斜齿轮就是将平齿轮无限地变薄，再一点点地挪动它，将其一层一层叠加起来。因此，假如要叠加5片平齿轮的话，只要一点点地挪动叠加，平齿轮和斜齿轮的中间就能流畅地回转。

电脉冲电动机也是一样，如图2所示，电动机的5个转子像丸子一样插在一根轴上。电动机的回转是靠产生于定子的磁场的牵引，所以通过控制这个磁场的形成方式，就能控制电动机的回转。

首先，将互相独立的5个转子插在一根轴上。然后，一点一点挪动定子的相位（如图3所示，挪动了18°），按顺序磁化A相、B相、C相、D相、E相。转子的齿按顺序移动到被磁化的相的前面。这就是电动机的回转过程。

如图3所示，这个转子带有4个齿，与具有相同记号的定子的相位相对应。只要用很强的力来运转的话，即使转子和定子的齿的位置精度多少有

些误差，因为是4处地方用力，所以误差可以被平均化。

如图4所示，定子的磁场按顺序移动，即A、B、C、D、E、A、B……。这依据的是纸带所给出的指令。若数值带–，则磁化的顺序为E、D、C、B、A、E……，即反方向回转。像第89页所介绍的，被磁化的过程是3-2-3-2相，因此，如图所示在齿的中间也会停止，每个脉冲将转动18°的一半，即9°。

因为转子实际上有16个齿，所以定子的齿的个数是16×5=80。此外，由于齿与齿的中间也会停止，所以80×2=160。360°÷160=2.25°，也就是每个脉冲的回转角。

这样，由脉冲停止所引起的电动机停止在16个地方的误差被抵消掉，所以停止精度还是可以的。

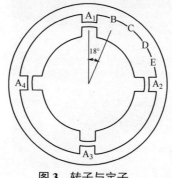

图3 转子与定子

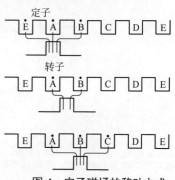

图4 定子磁场的移动方式

95

伺服电路②

如图1所示，电一液压脉冲电动机由电脉冲电动机、液压阀、液压电动机组成。若电脉冲电动机跟随指令脉冲逆时针方向回转的话，液压阀就会通过齿轮沿顺时针方向回转（图2）。

如图2所示，液压阀上有螺钉，随着转动液压阀会离开螺母向左移动。在此状态下，+侧的压油口打开，液压电动机开始运转。因为是液压电动机使机床的进给丝杠回转，所以是指令脉冲使机床运转起来。与一个相扑选手使用的厕所够好几个人使用是同样的道理，电脉冲电动机可以改变液压电动机的大小，因此，它能够运转从0.5kW到10kW、20kW的电一液压脉冲电动机。

假设+侧的压油口此时是开着的，这一次我们来旋转螺母试试看（图3）。若螺钉停下，则螺母向图上所示的箭头方向回转，螺钉向螺母靠近，液压阀向右侧移动。

给油口关闭，液压电动机停止。

这个螺母是在液压电动机的轴上的，因此，电脉冲电动机随着指令脉冲回转，卷轴阀被打开多少，液压电动机就回转多少，然后拧回卷轴阀，关闭给油口。一定要不多不少，时常注意它们之间的平衡。

液压电动机的柱塞由于液压的作用被推向轴的方向，这是改变回转方式的轴向柱塞形液压电动机。

电脉冲电动机每个脉冲回转2.25°。电一液压脉冲电动机由于中间有减速齿轮，所以每个脉冲回转1.2°，机床移动0.01mm。

假设电一液压脉冲电动机的回转精度有30%的误差，机床的移动精度就只有0.003mm。另外，电脉冲电动机的回转停止位置精度不受之前的停止位置精度影响，所以电一液压脉冲电动机的定位精度误差不累计到下次。

电一液压脉冲电动机是随着进入到电脉冲电动机的脉冲回转的，所以也就跟不上太快的脉冲。

有负荷时，可以跟上脉冲的最大限度是每秒钟8 000个脉冲，那么每分钟就是480 000个脉冲。每脉冲移动0.01mm，所以480 000个脉冲就是移动4.800m。因此，NC机床快进时使用4.8m/min的速度。

▲右侧为电脉冲电动机。下面装有电线。在中央部位，通过液压阀与压油出入口的胶皮管相连。左侧为液压电动机

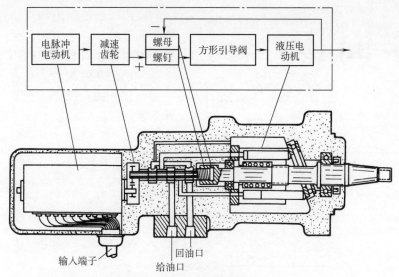

图1　电—液压脉冲电动机（EHPM）的结构图

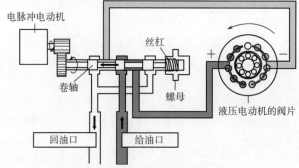

- 电脉冲电动机向逆时针方向回转（螺母停止）
- 卷轴→顺时针方向回转并向左侧移动
- + 侧油路打开

图2　电—液压脉冲电动机的操作说明图①

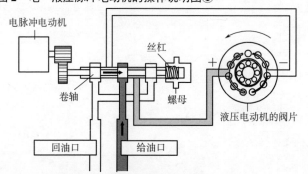

- + 侧油路打开
- 液压电动机→顺时针方向回转（电脉冲电动机停止）
- 由于螺母的回转，卷轴返回至右侧

图3　电—液压脉冲电动机的操作说明图②

操作面板

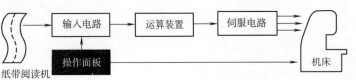

操作面板的作用相当于纸带阅读机，它的结构包括脉冲发生器、对机床操作不可缺少的便利的拨盘，还有各种按钮开关。操作面板是外部信息的输入口。

● 手动脉冲发生器

虽然机床的完全自动化使

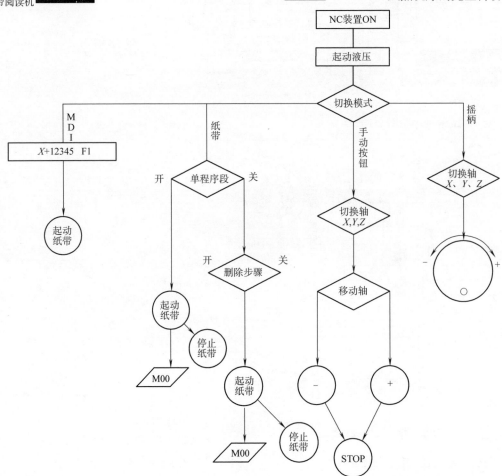

▲操作面板操作的四种输入方式

操作变得很方便，但也有不够灵活机动的缺点。这就好比高速公路上堵车，但却不能走旁边的田地一样，没有办法。

NC机床是利用脉冲进行运转的。通过操作手动脉冲发生器很容易就能产生脉冲，利用在这里产生的脉冲来使机床运转。

1个脉冲能使机床移动0.01mm，而手动回转圆盘上1周为100个刻度，回转1个刻度相当于产生1个脉冲，那么圆盘上拨1个刻度，机床移动0.01mm，回转1周则移动1mm。慢速回转的话机床就慢速运转，快速回转的话机床就快速运转。

●切换轴

由手动脉冲发生器所产生的脉冲可以在切换轴的拨盘上任意选择进给地址（X、Y、Z轴）。

●切换方式

我们知道，NC机床是通过纸带或者手动脉冲发生器的手柄操作而被驱动的。另外，还可以通过按钮操作和切换轴的拨盘来机动进给任意轴。用人工数据输入的纸带输入形式来输入1个步骤的指令。

首先，我们要在切换方式的拨盘上来决定采用哪种方式输入，然后再选择纸带输入或人工输入。

▲操作面板的一个例子（右上）

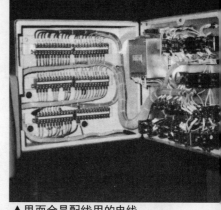

▲里面全是配线用的电线

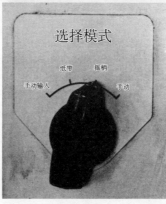

▲◀操作面板的放大图。右上方为手动脉冲发生器，1个刻度为1个脉冲，机床可移动0.01mm。左侧为切换轴、切换方式选择的旋转钮

其他要素

▲MDI

可以按某个开关来赋予地址或数值。与纸带格式相同，不断地一个一个输入，使机床一个步骤接着一个步骤地运转。

刀具尺寸补偿

对于输入进纸带的移动量，在这里只能进行已设置数值的+1、−1、+2、−2倍补偿。补偿的指令为G45、G46、G47、G48。

FEEDRATE OVERRIDE DIAL

使用F2位代码时，要与当时的情况相结合，且之后不能随意改变F的内容。

与预期相反，例如材料很硬或在其他情况下，要达到F2位代码所决定的进给速度的80%、60%的话，就要使用这个拨盘。F3位、F4位直接指定的情况下也可以使用，一般在50%~100%或50%~150%的范围内。

▲目前位置显示

用亮光数字显示目前的位置。如果用操作面板的机器锁定拨盘将机器设置为锁定状态的话，那么就只计算程序上数值的加法。目前位置显示器类似于数字天平。

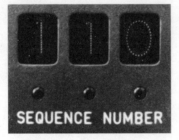

▲SN 显示单元（Sequence Number：序号）

现在被读取到的指令是显示序号。假如正在进行的是按照[N110 X__ F__ M__ *]指令的操作，那么这里应该显示110。

▲SN 搜索

如果想在长长的纸带中找到N110的所在位置，就在这里设置为110，按搜索按钮，纸带走到N110处时停止。

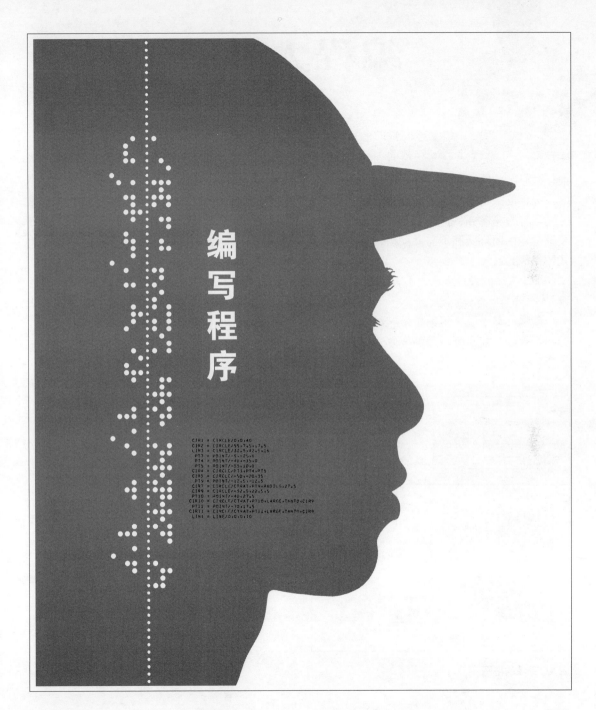

编写程序

```
CIR1 = CIRCLE/0,0,40
CIR2 = CIRCLE/55,-7.5,17.5
LIN3 = CIRCLE/32.5,-42.5,16
PT3 = POINT/-5,-25,0
PT4 = POINT/-40,-15,0
PT5 = POINT/-55,10,0
CIR4 = CIRCLE/RT5,PT4,PT5
CIR5 = CIRCLC/-50,-70,35
PT9 = POINT/-12.5,-12.5
CIR7 = CIRCLE/CFRAT,PT9,RADIUS,27.5
CIR8 = CIRCLE/-52.5,22.5,5
PT10 = POINT/-60,27.5
CIR10 = CIRCLE/CTHAT,PT10,LARGE,TANTO,CIR9
PT11 = POINT/-70,17.5
CIR11 = CIRCL/CTHAT,PT11,LARGE,TANTO,CIR9
LINE = LINE/0,0,0,10
```

编程人员的工作

在进入编写程序的学习之前，我们再来看一下整个 NC 系统。

关于伺服电动机的形式，可以看"机床实际运转的检查结果报告"，也就是分为需要反馈信号的闭环式和不需要反馈信号的开环式两种情况。

关于程序的设计方法，不管是哪种方法，都是一样的。

就拿汽车来说，不论是带转缸式发动机的汽车也好，还是带普通的往复式发动机的汽车也好，驾驶的方法是一样的。

在用框图表示的计算机系统中，特别是根据运算电路功能的不同，定位控制、直线切削控制、轮廓切削控制等也出现了差别。使用计算机的直接控制方式时，在运算电路部分则使用通用电子计算机的功能。

计算机系统改变状态的话，即使是进行同一项操作，也必须改变用语。与小孩谈话时要使用简单的语言，而与大人谈工作时有时会用到一些复杂难懂的技术用语。

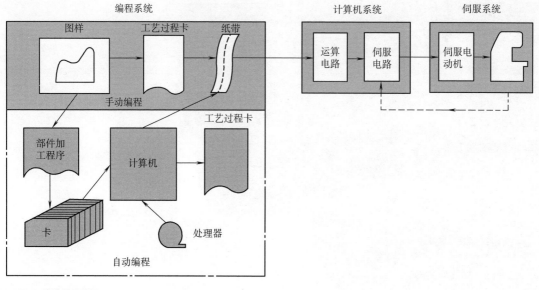

▲NC 系统的框图

有手动编程（人工编程）和利用计算机的自动编程两种方式。我们通常使用的都是手动编程。

自动编程实际上也是由编程人员将关于切削的大量数据输入计算机后才能够进行的。因此，自动编程也需要编程人员具备一定的经验和知识。

在方块图的左下方对自动编程的过程作了介绍。先看图样，然后编写程序，做出计算机用的卡片，卡片被计算机识别后打出 NC 用的纸带。右侧为自动编程的一个例子。

对编程人员的第一要求就是关于切削的经验和知识。

但是说到关于切削的知识也是各种各样、千差万别，包括

① 关于刀具的知识。

② 关于材料的知识。

③ 关于机床的知识。

如果将一定程度的这些知识输入计算机的话，也可以利用自动编程的方式。但是，用刀具切削时，必须将工件固定在机床上。工件的夹紧是一个问题。

根据工件夹紧方法的不同，有时加工得很细致，有时就会稍差一些。但是，很难给夹紧刀具进行系统地分类，特别是铣床操作对象的夹紧方法，更是千差万别。因此，进行 NC 加工时，编程人员必须首先决定用哪种夹紧刀具以及怎么用。

自动编程　EXAPT 1

零件加工程序是由几个命令（有一般记述命令、定义命令、运行命令）组成的。举个例子，在圆周上 4 等分的位置攻螺纹的程序中，与加工技术相关的命令是这样的：

① 一般记述命令中写着 PRAT/MATERL, 12

它表示了工件材质的材料号 12。这与以后自动决定切削条件时有关。

② 定义命令中写着 TAP1/TAP=DIAMET, 6, DEPTH, 12, TAP, 1, PITCH, 1, BLIND, 4

这是对稍后运行的 TAP1 的加工进行规定，即直径为 6mm，深度为 12mm，螺距为 1mm 等。如果定义为"BLIND 2"的话，那么就不能使用普通的钻头而要使用岩芯钻。

③ 运行命令中写着 WORK/TAP 1

通过这一个运行命令，就能够使上述规定的 TAP 1 的内容运行起来。刀具路径、进给和切削速度、使用刀具、加工顺序都是自动决定。此时计算机所参考的资料都是事先储存在计算机里的刀具文件夹、材料文件夹、加工方法文件夹中。运行内容如下：钻头移至加工位置，所有的加工位置进行钻孔加工，交换刀具，所有的位置进行丝锥攻削。

这些都是自动完成的。

运作程序之前首先要仔细阅读图样。俗话说"百闻不如一见"，解释一百遍也不如直接看图样上的内容。图样就是工件加工的说明书。

如何切削工件，尺寸是多少，加工精度是多少等，所有的操作要求都写在了图样上。一般来说，图样上还应包括使用何种材料，如何使用，生产此产品的目的以及在何处使用等内容。

编程人员仔细阅读图样后，了解了加工位置、加工尺寸和加工精度，就可以确定使用哪种机床进行加工了。

熟练的编程人员只要一看图样就知道怎样操作了。例如，像板凸轮那样只需加工一个方向的，应使用带有二轴同时控制装置的立式机床。从 3 个方向进行加工时，大概需要使用 10 件刀具，并将其夹紧在 $\phi400$ 的割出台上，因此可使用小型的加工中心。或者从 5 个方向进行加工时，大概需要使用的刀具是 50 件，工件很大，因此最好是大型的加工中心。

这与围棋高手能在很短的时间内看懂下一步该怎么走是一样的道理。

有句俗语说"知己知彼，百战百胜"，意思是说如果要打胜仗，那么不仅要了解敌人，更要了解自己。同样，我们应充分了解作为"对手"的零件所要求的加工位置、尺寸精度，与此同时，还应了解自己能够利用的机床设备。那样，才能编写出正确有效的程序。

如果不知道自己想要使用的机床的规格，不知道它是否符合加工精度，而且手边又没

仔细阅读

有立即可查询的资料，那么编程就无法进行下去。要是凭含含糊糊的记忆来任意决定的话，也会酿成大错误。

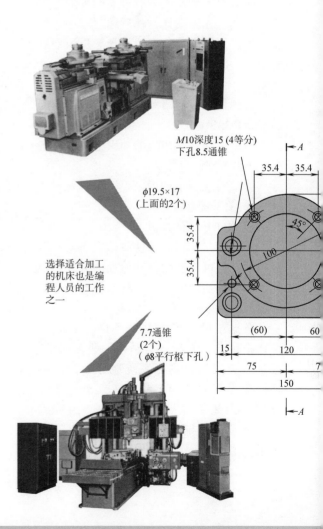

选择适合加工的机床也是编程人员的工作之一

M10深度15 (4等分)
下孔8.5通锥

$\phi19.5×17$
(上面的2个)

7.7通锥
(2个)
($\phi8$平行枢下孔)

图样

讨论了这么多，现在让我们来决定使用哪种机床吧。首先必须想好使用什么样的夹紧工具。根据情况不同，有时使用专用的夹紧工具更好一些，从加工位置和加工个数方

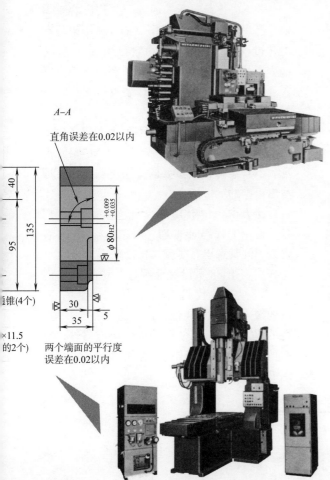

A-A

直角误差在0.02以内

$\phi 80_{H2}$

$+0.009$
$+0.035$

锥(4个)

×11.5
的2个)

40

135

95

30

35

5

两个端面的平行度
误差在0.02以内

面考虑都是可行的，从结果上看也很经济实惠。因此，要选择合适的夹紧工具及夹紧方法，就需要考虑到上面的内容。

根据原材料形状以及精度要求的不同，事先加工夹紧工具所接触的位置，可能会更能生产出精度均一的产品，夹紧工件也会很容易。这时，应该预先加工这种明显的地方。这也是由编程人员来设定的。

有的加工看上去对产品来说没有必要，但是有的时候，切削某一处会使夹紧工件变得容易，或者能够正确地将工件夹紧等。因此，在进行高精度加工时，即使是认为没有必要加工的地方也要进行预先加工。最近，在设计图样阶段人们也开始意识到了 NC 加工的优点，已经出现了一种只安装对夹紧工件有用的轮毂的图样。

我们通常把进行真正的 NC 加工之前的加工过程称为"前加工"。虽然"前加工"在 NC 机床上也能进行，但是一般来讲，进行这种加工时使用的都是其他的通用机，NC 机床用来做附加价值更高的操作。

总之，NC 机床的操作人员都使用两台机床，一台是 NC 机床，另一台是通用机床。通常，通用机床用来进行 NC 加工前的"前加工"。

需要利用 NC 加工时的情况有：复杂的加工、需要进行很多次刀具交换等手工操作的加工、实际切削时间长而操作人员只能站在一边观察时等。如果只是简单的"前加工"的话，使用普通机床而不是 NC 机床则更划算。

遵照程序用语以及规定

在我们的日常生活中，发生什么事时我们经常会辩解说"我不是故意的"、"那不是我的本意"等。但若是关于 NC 编程，说这些是没有意义的。所做的事都应该有一个合理的解释。

NC 程序用语不是十分简练，NC 装置是不会为我们考虑周到的。因此，编程人员必须用 NC 装置能够明白的语言（程序用语）来表达自己的意思。

与 NC 装置对话的内容（操作内容）需要自己思考，翻译的工作（将程序用语写在工艺过程卡上）也必须由自己来做。因此，编程人员在编程之前，必须了解用语都有哪些、如何使用，还有与 NC 装置打交道时有哪些习惯、规定等。

如果这时的表达方式不妥当，或者输入的用语对 NC 行不通，都会造成 NC 装置混乱。不管怎样，最重要的是用正确的语言编写出正确的纸带指令。

比方说，1 与 01 对我们来说都是 1，但是，使用 F 代码时的 F1 与 F01，根据 NC 装置的不同其意思有时就大相径庭了。

我们在第 88 页已经介绍过，功能 F 有 F1 位代码、F2 位代码（ISO 的固定进给）、F3 位的魔术代码、F4 位代码（直接指定）等。有的 NC 装置可以使用两种代码。另外，也有的装置既可以使用 F1 位代码，又可以使用 F4 位代码。

▲ "翻译"的工作是翻译成程序用语

▲可使用 **F1 位**与 **F4 位**代码的 **NC 装置**的例子

所谓 F1 位代码，是指从 F1 到 F8 有拨盘，拨盘上有 5、50、100、150、200、300、400、600、900、1200 的刻度。而拨盘的旋转钮（设在中间也可以）像照相机的光圈一样，要预先对准。将 F1 对准 150 刻度、F2 对准 400 刻度、F3 对准 300 刻度时，纸带上指定为 F2 的步骤中，机床的移动即为 F2 的旋转钮所指定的 400mm/min 的进给。

使用可并用 F1 位与 F4 位的装置时，如果将指定为 F1 换成 F01 的话，所执行的就不是每分钟 400mm 的进给，而是每分钟 1mm 的进给。这是为什么呢？理由如下：

在可并用 F1 位与 F4 位的装置中，F1 位代码就是正确地表示为 1 位数值，F4 位代码

的数值是 2 位、3 位、4 位都可以。若指定为 F01 的话，就是 2 位数值。因此，NC 装置将其判断为 01＝0001。而 F4 位代码的 F0001 就是每分钟进给 1mm。

我们刚才举了关于 F 代码的例子，但程序用语还有很多规定，只有严格遵守这些规定才能正确编写程序。

此外，有时图样尺寸的正确标记方法与实际操作的习惯还有些出入，在编程时要注意这一点。

举个例子，钻孔尺寸应该能正确显示其钻孔直径的深度。但是，预置钻头的话，调刀仪进行尺寸选定时通常使用钻头刃的最前端。想要知道从刀具的轨迹线开始的长度时，如果不使用钻头的上端，而是到前端量尺寸，并且没有留意就使用了错误的数据的话，那么钻开的孔深就会只有钻孔直径的 30%。不注意这些细节将会酿成不小的失误。

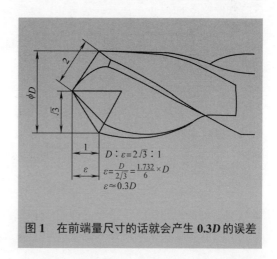

$$D：\varepsilon=2\sqrt{3}：1$$
$$\varepsilon=\frac{D}{2\sqrt{3}}=\frac{1.732}{6}\times D$$
$$\varepsilon\approx0.3D$$

图 1　在前端量尺寸的话就会产生 0.3D 的误差

简单的 NC 用语

▶ 不要忘记夹板的存在

过去有一句俗语是"逐鹿者不看山"，意思是专心求利者不顾他事。换成 NC 来说的话，就是"只专注于图样的编程人员不注意夹紧工具的夹板"，在 NC 编程中，这是最需要注意的地方。

进行 NC 加工时，不要忘记在刀具的前面，除了工件还有图样上没有出现的夹紧工具和夹板。人们在操作机床时，若判断出现危险状况会立即停止机床运转，而 NC 没有这个能力。而且，它所依赖的操作人员在加工过程中可能还在操作着其他的机床。因此，我们不能断言委托给 NC 进行操作就不会因为程序错误而发生意想不到的事情。错误的程序可能会导致夹紧工具的夹板与刀具相撞，这时会在工作台上开一个大孔，但是 NC 本身不会意识到应该做哪些事情，它只是按照程序进行操作。

为了避免那样的错误发生，编程时一定要慎重。而且，即使已经很小心谨慎了，也不能把刚编好的程序立即投入到生产中。需要不断地对程序进行修正。

假设做好一个纸带需要 1h，编程所需要的时间可能是 10h、20h 甚至更多。在还不熟练的情况下，一个操作 30min 左右就能完成，可它的程序可能需要 1 天才能编写出来。

刚开始还不熟悉使用用语的话也是没有办法的事情。打个比方，从东京搬到外地居

▲通过看等高线就可知道山路情况，同样，看加工图样也必

住，一家中能够最快记住并使用当地方言的就是孩子们了。同样，掌握 NC 用语最简单迅速的方法就是习惯与重复使用。NC 用语并不多，对难以记住方言的大人们来说可能会更省力。

问题是编程的前提，是必须掌握与加工技术相关的知识与经验。这并不是花费 1 周或者 10 天就能做到的。可以说如果不具备这些知识是编不出程序的。

登山时，有的人一看地图就知道了大概的地形，等高线密集的地方说明道路很陡，就要避开那条路。但是对读不懂地图的人来说，就看不出这些了。就选择哪条

工条件

登山道路来说，有底子与没有底子的人的差别一目了然。

同样，看过加工图样后，对夹紧方式、工序、工件、加工条件等了如指掌的人与看过之后仍一头雾水的人，他们之间的差别不仅仅体现在程序操作进展的快慢上，还能看出那个人到底会不会编程。

尽管编写出了合适的程序，但 NC 加工也许并不会顺利进行。通过查书查资料所获得的知识、通过在车间实际操作所获得的经验等，这些内容都必须添加到程序中，这才是 NC 的编程。

与上面提到的知识经验的性质稍有不同，我们还需要掌握将切削条件输入进纸带指令时的数据、S 代码与机床主轴转速的关系、M 代码与机床操作功能的关系等。这些都是编程时所不能缺少的。

关于普通的切削条件，刀具制造商已经公布了很多数据，各个企业也有很多通过经验得来的珍贵数据。因而，以此为基础，由刀具直径与转速求得切削速度，由每一刃的进给对应刃数得出每分钟的进给速度。这样，才能够正确较快地完成编程。

像加工中心那样频繁变换主轴转速的机器，需要做一个主轴转速与 S 代码的对照表。但是，不能从别的机床挪用 S 代码与 M 代码。

例如，同样是 S48 的代码，有的机床通用，但也有不通用的机床。对于 S 代码、M 代码，需要预先对机床作充分的了解。

坐标轴与正负向

假如利用日本国营铁路去大阪，是乘坐新干线还是东海道线，或者关西线呢，如果是悠闲旅行的话就可以到名古屋站以后再作决定。

决定乘坐东海道线的话，我们不需要看时刻表就知道大阪在名古屋站的东海道线的南行方向。当然，如果不到东海道线南行方向的站台去等车的话，就坐不上去大阪的列车。

与决定乘坐哪条线大同小异，NC 编程的第一步就是决定使用机床的哪个轴进行加工，是上升方向还是下降方向，还有朝哪边进行加工，如果不明确这些内容的话，NC机床是无法运转的。先决定好自己的工作方针是首要任务。

第 66 页用图片对各种机型作了说明，NC 机床的坐标轴与运动记号已经确定为 JIS B 6301—2001，编程时使用设置在工件上的标准坐标系。

有的机床，其 NC 标准坐标系的符号指向与机床的坐标轴指向相反，但是编程时使用的都是标准坐标系。

接下来机床就会按照编程人员所期望的那样进行加工。

决定好使用 X 轴来加工工件的一个面，使用 Y 轴来加工另一个面以后，为使工件的坐标系与机床的坐标系记号相对应，将工件按确定下来的方向放在机床上，机床按照程序开始加工工件。

大家也许担心，如果出现工件与机床的轴向不符的情况该怎么办。在这里简单说明一下，关于机床坐标轴的符号，比如说立式铣床的工作台 X，正方向加工工件时，工作台的移动方向也是正方向，带有+。也就是说，正方向切削工件会使工作台向正方向移动。因而会出现设置在工件上的 X、Y、Z 与机床的坐标轴方向相反的情况。

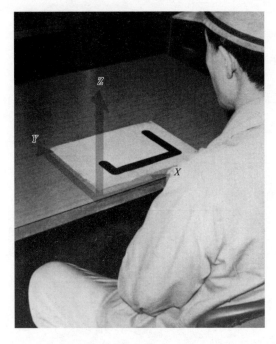

▲利用标准坐标系进行编程

大家也许还担心另外一个问题。那就是立式铣床用的编程后的纸带上的 X、Y、Z、+、–是否能与卧式铣床通用，在编程时立式机与横式机轴的选定方法是否不同。实际上这些问题也无需担心。不论是立式还是卧式用同样的方法思考就可以了。只不过一定要遵守一个基本原则。那就是使设置在工件上的标准坐标系与机床坐标轴的符号相对应。所以，只要改变夹紧方向就可以了。可以使用某种刀具将平放的物体立起来。

总之在编程时，不论是使用立式机进行加工，还是使用横式机，都用同样的思路来编程。将要编程的图样放在桌子上，右手边方向为 X 的正方向，桌子前侧的方向为 Y 轴的正方向。

举一个例子，在钥匙形状的带有沟槽的工件上设置标准坐标系，如图所示，沟槽长的部分设为 X，短的部分设为 Y，分别用立式机和卧式机进行加工的情况如图所示。

比较二者，不论是平放还是竖放，只是夹紧的方式不同罢了。由此可以知道，在编程时，设置在工件上的 X、Y、Z 对于立式机和卧式机都是通用的。

如果过于拘泥于机床的事情，那么即使是利用设置在工件上的坐标系进行编程，机床的运转也会在脑中来回闪现，倒是增添了许多烦恼。编程时我们不妨忘掉那些内容，而只想着用标准坐标系来编程就可以了。

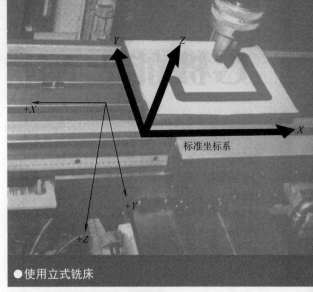

●使用立式铣床

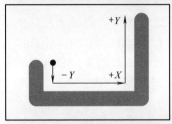

●使用卧式铣床

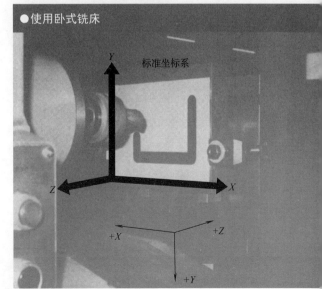

功能 G 与功能 M

在 NC 装置内的运算电路中使用的功能有，掌管 X、Y、Z 的数值与进给速度的功能 F，控制 NC 装置内部功能的功能 G。此外还有不是运算对象的，如选择主轴转速时使用的功能 S，关于刀具命令代码的功能 T 以及用于主轴起动、反转、停止的辅助功能（功能 M）。M 取的是 miscellaneous（各种各样的）的第一个字母，用于将各种辅助功能代码化。

举一个功能 M 的例子：将一个机床的主轴起动代码设置为 M03，主轴停止代码设置为 M05，那么赋予其指令"M03 *"，则主轴起动；赋予指令"M05 *"，则主轴停止。但是并不能保证这个代码对

▲功能 M 用于主轴的起动、反转、停止

其他机床也通用。因为有的早期的机床使用的代码是 M01 为主轴停止、M04 为主轴正转。

多种多样的机床用语对编程人员和操作人员来说很不方便，很容易造成混乱。功能 M 的代码化开始向标准化进展，某种程度上可以说出现了可以作为参考标本的代码。在这里，我们把它列出来。

功能 G 也是一样，一个代码对应一个功能，我们也把它列出来供大家参考。

但是这些都并不绝对，使用功能 M 时最好还是看所用 NC 机床的使用说明书，并参考编程指南。使用功能 G 的代码时则需要参考那个 NC 装置的说明书。

功能 G 就是控制支配 NC 功能的，其使用方法简单便利。如果不知道它的使用方法，那么 NC 装置的一半功能就都利用不了。

因此，要尽可能地了解所用装置都有哪些功能以及有效利用这些功能的方法。

作为机械专业出身，在电力实习时，我记得老师曾说过这样的话"你们在让机床反转时，老是想着改变很重的电动机的方向。那样是不行的。要知道，电动机只要改变配线就会立即反转"。功能 G 也是同样道理。只要记住它的功能，那么操作起来就很方便了。

●功能 G

代码	功能	注
G 00	快速定位	
G 01	直线插补	
G 02	圆弧插补（顺时针）	} 1
G 03	圆弧插补（逆时针）	
G 04	暂停（dwell）	
G 17	选择 XY 平面	
G 18	选择 ZX 平面	
G 19	选择 YZ 平面	
G 33	切削螺纹	2
G 40	刀具补偿/刀具偏置 注销	
G 41	刀具补偿—左	} 3
G 42	刀具补偿—右	
G 45	刀具偏置 +/+	
G 46	刀具偏置 +/−	
G 47	刀具偏置 −/−	} 4
G 48	刀具偏置 −/+	
G 80	固定循环注销	
G 81	固定循环 1	
G 82	固定循环 2	
G 83	固定循环 3	
G 84	固定循环 4	
G 85	固定循环 5	} 5
G 86	固定循环 6	
G 87	固定循环 7	
G 88	固定循环 8	
G 89	固定循环 9	

注 1：圆弧补偿在由 G 17、G 18、G 19 所指定的平面内进行。

注 2：使用螺距为固定值的螺钉在其外部增加或减少螺距的功能（G 34、G 35）。

注 3：用于使刀具的中心按照前进方向向右或向左，只靠近指定量（主要是刀具半径）。

注 4：当预定的刀具直径出现变化时，对应其偏差进行轨道修正。

注 5：攻螺纹操作是以定位→靠近→攻螺纹加工开始进行→主轴停止，前进停止→主轴反转，后退→主轴停止→主轴正转为 1 个循环的。主轴的运转也可以循环为单位。

●功能 M

代码	功能	注
M 00	程序停止	1
M 01	计划停止	2
M 02	程序结束	3
M 03	主轴顺时针方向旋转	
M 04	主轴逆时针方向旋转	
M 05	主轴停止	
M 06	换刀	
M 07	2 号切削液开	
M 08	1 号切削液开	
M 09	切削液关	
M 10	夹紧	} 4
M 11	松开	
M 13	主轴顺时针方向旋转，切削液开	
M 14	主轴逆时针方向旋转，切削液开	
M 15	正运动	
M 16	负运动	
M 19	主轴定向停止	5
M 30	纸带结束	
M 50	3 号切削液开	
M 51	4 号切削液开	
M 68	夹紧工件	
M 69	松开工件	
M 71	工件角度位移，位置 1	} 6
M 72	工件角度位移，位置 2	
M 78	夹紧	
M 79	松开	

注 1：主轴回转、进给以及切削液全部停止。要继续操作，需再按"纸带起动"按钮。

注 2：根据操作人员选择的不同，开始有效运转或者被忽略。在手动操作面板上有 ON–OFF 的选择开关。

注 3：用于旋转主轴。

注 4：在刀具的心轴上，带有传动键的凹口处有凸缘，如果主轴在固定的位置停止的话，交换刀具时就会很困难。

注 5：用于加工中心等的加工面更换，可以回转 90° 或 45°。

读取纸带

NC 指令由罗马数字、数值和符号来表示，这些信息被记录在普通纸带、树脂纸带或者磁力纸带上，被 NC 装置读取。

目前，使用最广的是黑色纸带，一卷 250m，NC 装置的卷盘大概可以挂 150m。黑色纸带的好处是能够很好地遮住射到穿孔以外其他地方的光。如果希望凸显穿孔处和无孔处的明暗的话，白色纸带也可以。

纸带的厚度为 0.1mm（0.004in ± 0.0003in），宽度为 25.4mm（1in ± 0.001in），因而 1 卷的直径是 φ200mm。在这里，我们以加工中心用的某个纸带为例进行说明。

工件的工序数为 1，使用刀具数为 8 件，加工时间为 2h25min，总共需要的步骤为 523 步，加上头尾空白处的

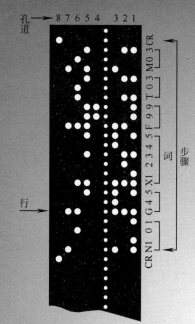

▲纸带用语

纸带全长为 21m，实际长度为 18m。因此，每一个步骤所需的纸带长度为 35mm，换算为 1 卷的话就是 6000 ~ 6500 步，可用于大概 30min 的操作。

纸带相关用语有以下内容：

孔道（Channel）：纸带前进方向的孔列。

▲EIA 代码的穿孔纸带的含义

	b8=0	0	0	0	1
b7	0	0	1	1	0
b6	0	1	0	1	0
b5	奇数パリティ				
b4 b3 b2 b1					
0000		○	—	+	CR
0001	1	/	J	A	
0010	2	S	K	B	
0011	3	T	L	C	
0100	4	U	M	D	
0101	5	V	N	E	
0110	6	W	O	F	
0111	7	X	P	G	
1000	8	Y	Q	H	
1001	9	Z	R	I	
1010			BS		
1011	ER				
1100					
1101					
1110		TAB			
1111			DEL		

▲EIA 代码（0 为无孔）

行（Row）或线（Line）：纸带横向的孔列。

比特、位（Bit）：孔的单位。

字符（Character）：指文字、数字、符号，由在一条线上所开孔的位数的组合来表示。

词（Word）：是由 W、O、R、D 按其顺序组成 Word（词语）的意思，是字符的集合。

步骤（Block）：如"X12345 F 0 *"，是由几个词组成的 NC 指令的单位。

字符是比特的组合，是有规则的。即使是相同的 1 个孔，在线的左侧开的孔与在右侧开的孔，它们的含义完全不同。这是由代码所规定的。代码有 EIA 代码和 ISO 代码两种。

首先介绍如何读懂用 EIA 代码表示的图。在 EIA 代码的图上从 b_1 到 b_8，它与纸带孔道的 b_1 到 b_8 相对应。例如，EIA 代码中字符 M 的代码是（从 M 往左）：

b_4	b_3	b_2	b_1
0	1	0	0

从 M 往上就是

b_8	b_7	b_6	b_5
0	1	0	奇字称 (odd parity)

因此，M 就是

b_8	b_7	b_6	b_5	b_4	b_3	b_2	b_1
0	1	0	奇字称	0	1	0	0

Parity 是"均衡"的意思，而奇字称指的是一定要遵守 1 个字符的孔数总是奇数（上图中，数字 1 的个数为奇数）的原则。当孔数是偶数时，为了保持均衡，打开 b_5 剩余的孔，以使孔数（这里为数字 1 的个数）变为奇数。因此，上述 M 的例子中，b_5 被开孔，变为 01010（小字）100。因为 b_5 也被开孔，所以孔数由 2（偶数）变为 3（奇数）。

如果没有这个奇宇称功能的话会是怎样呢？当 NC 装置的某处出现故障时，即使漏读了 1 个用奇数位数字做出的字符的孔，NC 装置也不会发现，而且孔数改变的话指令的含义也有可能跟着完全改变。如果这个错误的 NC 指令被运行的话就糟糕了。因此，如果出现漏读的话，可以用奇宇称来检查，NC 装置就会立即停止。

如上所述，奇宇称规定字符的位数必须是奇数，出现问题时，奇宇称会立即发现，因此是防止产生错误的一种有效手段。

那么 ISO 代码纸带的情况又怎样呢？ISO 代码是偶宇称，使用 b_8。

0 1 2 3 4 5 6 7 8 9　A B C D E F G H I J K L M N O P Q R S T U V W X Y Z

▲ISO 代码的穿孔纸带的含义

纸带的格式

地址一览表

字母	含义
A	环绕 X 轴的角度的大小
B	环绕 Y 轴的角度的大小
C	环绕 Z 轴的角度的大小
F	进给指定功能
G	准备功能
H	任意（有时用于选择刀具半径指定开关）
I	未指定（有时用于圆弧中心的 X 坐标）
J	未指定（有时用于圆弧中心的 Y 坐标）
K	未指定（有时用于圆弧中心的 Z 坐标）
M	辅助功能
N	序号
S	主轴功能
T	刀具功能
U	与 X 轴平行的第 2 运动的尺寸
V	与 Y 轴平行的第 2 运动的尺寸
W	与 Z 轴平行的第 2 运动的尺寸
X	X 轴第 1 运动的尺寸
Y	Y 轴第 1 运动的尺寸
Z	Z 轴第 1 运动的尺寸

我们日常所使用的语言有其语法规则。虽然每个国家的语言不同，例如"我有一本书"、"I have a book"，一个句子所使用的词语是有排列顺序的。这与纸带的格式很相似，当我们把指令信息输入指令纸带时，以什么样的顺序、什么样的形式传给纸带穿孔，这就是所谓的形式。

纸带的格式有以下 3 种：

① 字地址（word address）。

② 列表顺序（tab sequential）。

③ 固定顺序。

使用计算机可以计算出三角形的面积。利用公式 $A=HB/2$，可知高 H 与底边 B 的乘积的一半就是面积 A。假设要计算高 $H=64\text{mm}$、底边 $B=153\text{mm}$ 的三角形的面积，向计算机输入数据 64153。就这样把数据排列在一起，而不知道到哪是高 H 的数值，到哪是底边 B 的数值，难免让人担心结果是否正确。而实际上，计算机会使用另一个卡预先设定，H 是从前数的 2 个数字，B 是接下来的 3 个数字。

稍稍改变一下输入数据的方式，输入 0006400153。若预先设定"数据以 5 个数字为一个数值"的话，就与上面的例子是一样的效果。即使没有设定 H 是前面的 2 个数字，B 是接下来的 3 个数字，计算机也会使用另一个卡预先设定为"在这里，H 与 B 的数据按照 H、B 的顺序，且 5 个数字为一个数值"，计算机就会默认为将 00064 输入到 H，将 00153 输入到 B，然后计算 A 的结果。

NC 指令的情况与此相同，有时需要预先设定输入数据的顺序、使用几位数字，而不会使用 N、G、X 等的地址，这就是③的固定顺序。

但是，在上面的例子中，只要输入 64 就可以了，却在前面加上 3 个 0，输入 00064，这是完全没有必要的。因此，为了使位数一致，可以去掉 0，插入 TAB 作为界限，这就是②的列表顺序。

在字地址的情况下，NC 所用的数值开头都有英文字母。这样，即使数值语言（X、Y、Z 的数值）有长短之分，也不必担心。因为地址已经确定下来，即使顺序有些乱，N、G、X 等数据还是会被准确地送到地址自动记录器。

地址使用英文字符和其他字符来表示序号、准备功能等，并有其各自的含义。在这里，我们用表表示出来。

数值长度的单位为 mm、in（1in=25.4mm）或者小数来表示，不使用小数点。例如，有的用 1234 表示 12.34mm，还有的用 12340 表示。哪里代表小数点的位置由格式来决定。最小设定单位是 0.005mm 时，用 12340 表示 12.34mm。

NC 信息的顺序是 N、G、X、F、S、T、M，CR 与 CR 之间的部分是有效信息，作为 NC 指令可以有效运行。如图所示，由 N 开始，一直到后面的 CR 为止的一个段落为一个步骤，是一个指令单位。

纸带使用的词语也是按那个顺序排列的。关于词语由几个字符组成、词语的长度等，请看下面的例子。

CR	N3	G2	X+42 Y+42 Z+42	F2	S2	T2	M2	CR
第一步开始	序号(N) 3 位	准备功能(G) 2 位	数值语言 (X，Y，Z) ① 取正负的值 ② 不使用小数点 ③ 从小数点开始向上 4 位；从小数点开始向下 2 位	进给速度(F) 2 位	主轴转速(S) 2 位	刀具选择功能(T) 2 位	辅助功能(M) 2 位	最后一步结束

直线切削的程序

图1　编程操作的图表

想要在诗词方面有所造诣的最好方法是，仔细品味古人所写的经典语句。要成为象棋高手、围棋高手也一样，首先要学习名人高手的下棋经验。

NC编程也是如此，要先学习熟练的编程人员是怎样编程的。一般来讲，从拿到加工图样到开始加工，这个期间的工序参照图1所示的框图。

①仔细研究加工图样，分好适合NC加工的位置和不适合的位置，同时，还要找到加工重点（以下内容以第13页图2所示的加工图样为例）。根据加工重点的位置不同，有时加工顺序、使用刀具也会跟着改变。

使用的NC机床、夹紧面都确定好以后，如果要夹紧的基准面需要"前加工"的话，则由编程人员指定来完成加工。

②首先，决定朝哪个方向进行设置，横向还是纵向。此外，对于在夹紧工具的两侧各夹紧1个（合计2个）是否合适，也要进行探讨，然后才能决定。

夹紧方式确定以后，再确定从加工内容来看可以实行的加工位置、加工分类，还要决定工序序号。最后确定选好的机型是带有8件刀具的转塔刀架式加工中心。

既然已经确定可以使用的刀具是8件，那么我们就要尽可能地让每一件刀具都能用于多个位置、多个面的加工。

确定加工位置和加工分类以后，使用的刀具基本上也确定下来了，然后将确定好的刀具一个一个记入加工图表中（图2）。

确定下来使用刀具、刀具尺寸以后，再确定加工条件。从切削速度、每一刃的进给量、回转一周的进给量等方面来决定转速和进给速度。如果主轴转速已经由机床的S代码查好的话，也记下来。这样，加工图表就制作完成了。

标准的加工条件已经确定下来，为了使每一次不需要重新计算，我们也可以将其记入表中。这样，加工图表就是特定机型专用的，若将S代码也记入的话，在制作工艺过程卡时就会很便利。

③接下来就只剩下制作工艺过程卡了。相对于工件，刀具怎样移动才好，而刀具的移动相对于机床的原点在什么位置等，这些都可以通过行程图（图3）来查，然后再决定工序。

这里我们给出了切削平面时所用铣刀的行程图。根据需要，可以做出所用刀具的类似的行程图，再在此基础上制作工艺过程卡（表1）。

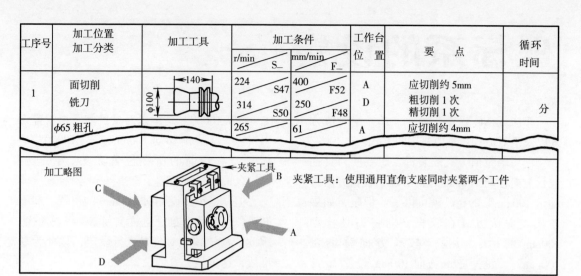

工序号	加工位置 加工分类	加工工具	加工条件		工作台 位置	要　点	循环 时间
			r/min　　S_	mm/min　　F_			
1	面切削 铣刀	φ100 ←140→	224 　　S47 314 　　S50	400 　　F52 250 　　F48	A D	应切削约 5mm 粗切削 1 次 精切削 1 次	分
	φ65 粗孔		265	61	A	应切削约 4mm	

加工略图　　夹紧工具　　夹紧工具：使用通用直角支座同时夹紧两个工件

图 2　加工图表的一部分

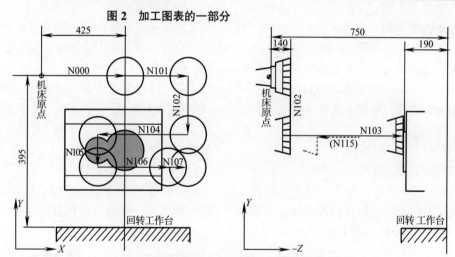

图 3　行程图的一个例子（正面铣刀）

表 1　工艺过程卡的一部分

N	S、M G、T	F	X、Y、Z、W	CR、ER	
N 000		F　99	X　42500	CR	将 X 轴从机床原点移向回转工作台中心
N 101	S　47	F　99	X　16500	CR	输入 CR 有效信息
			Y−15500	〃	主轴变速选择 224r/min 确定加工位置
	M　03		Z−41980	〃	起动主轴回转

119

坐标系的设定

车床用 NC 装置有两种方式，绝对值方式以及绝对值和增量值兼用的方式。

使用增量值方式的装置，想要使刀具在较长方向移动 100mm 时，给出"较长方向移动量 100mm"的指令就可以了。但是，如果使用绝对值方式在较长方向将刀具移动 100mm 的话，不说"较长方向移动量 100mm"，而是"较长方向 100mm 位置"。这就好比"想要 100 日元"和"想再要 100 日元"之间的差别一样。

这两个指令是完全不一样的。"较长方向 100mm 位置"是指以某处为基准线，从基准线开始测量 100mm 的位置。而如果是"移动量 100mm"的话，根据刀具目前所在位置的不同，结果也会不同。

为了能将二者准确地区分使用，下面对车床用 NC 装置的用语进行区分。例如，用程序上的绝对坐标值表示时，为"Z10000"，即使同样是较长方向，在用增量值表示时，使用 W，表示为"W10000"（图 1）。

"W10000"是指以刀具目前所在位置为出发点，+ 方向移动 100mm。"Z10000"是指与刀具目前的所在位置无关，前进到"Z=100mm"的位置。

但是，突然说到 Z=100mm 的位置，却不知道以何处为基准，这样会使 NC 装置困扰。因此，应该预先对装置进行设定，以此为基准线，这里是 Z=0 的位置。

关于设定方法，我们先来举一个例子。像鬼怒川温泉旅馆那样沿溪而建的旅馆，由于房身高，所以正门在第 4~5 层的位置。那么，到底是正门是第 1 层，还是最下层是第 1 层呢。这时，老板会明确地告诉客人们，"顾客现在在第 3 层"。那么，客人就会明白哪一层是第 1 层了。想要去 7 层时，就以那个第 1 层为基准。

车床使用的就是这种方法。

如果是 NC 车床，先要说明车刀刀尖目前的所在位置。假设目前位置显示为"X15000

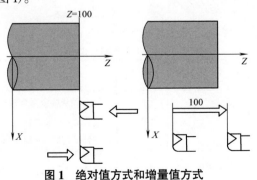

●绝对值
根据 G00 Z10000*，车刀刀尖与目前所在位置无关，向 Z=100mm 处的线移动。

Z=100

●增量值
根据 G00 W10000*，车刀刀尖从目前所在位置开始移动 100mm。

100

图 1 绝对值方式和增量值方式

▲鬼怒川温泉旅馆。从河面来看，正门在第4~5层

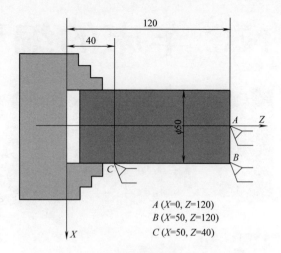

A (X=0, Z=120)
B (X=50, Z=120)
C (X=50, Z=40)

图2 A→B→C 的移动指令是……

Z25000"，那么车刀刀尖就是在直径 φ150、较长方向 250mm 的位置。再反过来算一下，就会得知基准线在 X=0、Z=0 的位置。

对目前所在位置的说明就是对坐标系设定的说明。为了不与命令相混淆，我们不说"车刀刀尖在某个位置"，而是使用"G50"的准备功能，用"G50 X15000 Z25000*"来表示。

进行这样的预先设置，虽然我们用眼睛看不到车床的卡盘、车刀的四周等，但是基准线和坐标系已经明确，指定类似 X=20、Z=100mm 的位置时，就会马上知道其具体位置。

如图2所示对车刀的移动进行指示。假设坐标系的设定已经全部完成，车床主轴的回转轴为 Z 轴，X 轴在卡盘面上，车刀刀尖目前的所在位置是点 A（X=0、Z=120mm），为了切削端面，向点 B（X=50、Z=120mm）作直线运动（G01），假设回转一周进给 0.3mm（F0030）。那么，指令是：

G01 X5000 Z12000 F0030 *

意思是向"X=50、Z=120mm"的位置移动。移至点 C 的指令是：

X5000 Z4000 F0030 *

它显示了点 C 的位置。但是，车刀已经在点 A 的"Z12000"的位置，所以向点 B 移动时，使用"G01 X5000 F0030 *"的指令就可以了。在下一个步骤中，因为直径方向不会改变，因此只给出"Z4000 *"的指令就足够了。也就是说，假设车刀刀尖在点 A 的话，A→B→C 的移动就是下面的指令：

G01 X5000 F0030 *

Z4000 *

而 A→C 的锥形切削的指令是：

G01 X5000 Z4000 F0030 *

进行圆弧切削时，先利用 G02、G03 做好圆弧切削的准备，圆弧中心的增值量用 I 和 K 来表示。那么，其指令为：

G03 X_ Z_ I_ K_ F_ *

或 G02 X_ Z_ I_ K_ F_ *。

121

NC 车床的编程

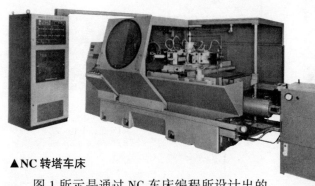

▲NC 转塔车床

图 1 所示是通过 NC 车床编程所设计出的零件，有端面切削、内外径粗切削、精加工切削、斜面切削、R 切削，因此我们需要与各个操作相匹配的刀具。

NC 车床大多带有六角刀架，将上述的各种刀具放入六角刀架中，按顺序进行操作。

NC 车床有两种，一种以普通车床为母体，另一种以转塔车床为母体。这里以后一种为例，从机床的形态来看很适合卡盘操作，操作内容也富于变化，还有与操作内容相对应的各种使用刀具。编写 NC 程序，首先要想好能够充分发挥使用刀具特征的切削方法和工序。一般是将这 8 件刀具永久变形之后再使用的。在这里，为减少使用刀具的件数，可将问题简单化。

NC 转塔车床的特征是指在交换刀具时，刀具的前端总是与前一个工序的刀具前端来到同一个位置。从 T10 到 T50，经历了端面切削、开孔、外径粗切削、内径精加工、端面精加工、外径精加工，通过图 2 所示我们可以知道，车刀类的前端是以六角车架的回转

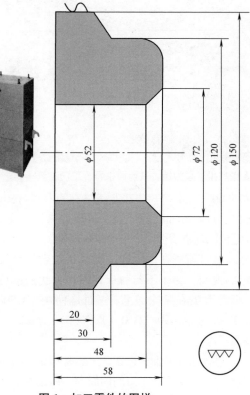

图 1　加工零件的图样

中心为中心的，在半径为 500mm 的同一个圆周上。

在前一个工序的最后一个步骤中，刀具后退，与下一个刀具交替时，将已有的 X 值、Z 值作为下一个工序的坐标系所设定的值来使用，这样很便利。

六角操作本来就是以零件加工为首要任务的，先将工序所必需的各种刀具按照加工顺序放入六角车架中。再进行试切削，

表 1　刀具图表

顺序	选择刀具	操作分类	直径 /mm	转速 / (r/min)	S 代码	切削速度 / (m/min)	进给速度 / (mm/r)
0		装卸					
1	T10	端面切削	150	200	S 46	94	F0030
2	T20	插入钻头	50	125	S 42	20	F0025
3	T30	外径切削（粗）	150	160	S 44	77	F0020
4	T40	锥部切削（粗）	50	800	S 58	126	F0015
5		锥部、内径切削（精）	150	800	"	130	F0015
6	T50	端面切削（精）	120	315	S 50	120	F0015
7		外径切削（精）	150	315	"	150	F0015

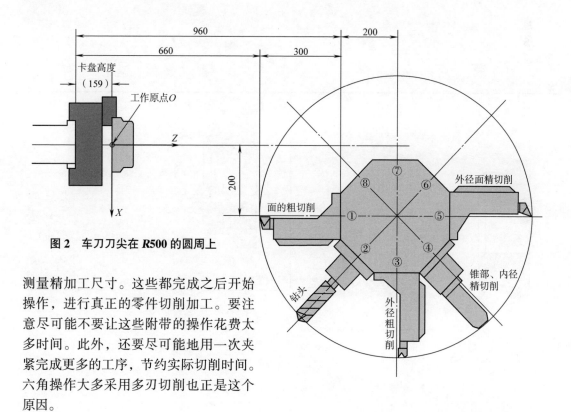

图 2　车刀刀尖在 *R*500 的圆周上

测量精加工尺寸。这些都完成之后开始操作，进行真正的零件切削加工。要注意尽可能不要让这些附带的操作花费太多时间。此外，还要尽可能地用一次夹紧完成更多的工序，节约实际切削时间。六角操作大多采用多刃切削也正是这个原因。

123

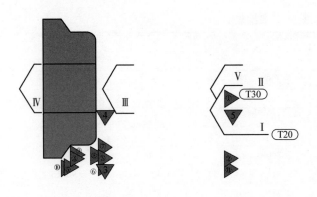

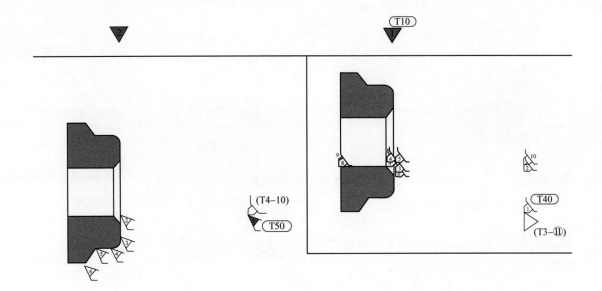

图 3 车刀的移动

由此看来，可以说六角操作的第一步是刀具调整（tool setting）。因此，像 NC 车床这种采取六角式的机器，首先要慎重地决定刀具类的安排以及组合，也就是刀具调整。

六角式 NC 车床的编程顺序是这样的。先确定刀具布局（tool layout），制作表 1 所示的刀具图表，再按照这个图表进行刀具调整，最后将编写好的程序写入工艺过程卡。

让我们思考一下作为例题被提到的工件，这个加工有 8 个工序，每个工序又有与程序直接相关的各种各样的项目。

按照从工件的夹紧、卸下开始的操作顺序，明确操作分类，确定操作内容的加工条件。这样一步一步地加工图表就制作出来了。

这里，我们省略对加工图表的说明，直接进入 NC 程序所必需的项目。

那么，程序上到底要进行什么样的切削呢，图 3 按照顺序表示了从 T10 到 T50 车刀的移动过程。例如，T10 的移动，将其最初在原点（$X=40000$　$Z=50100$）时设为①，从①开始到②、③，完成切削，回到第 2 原点（$Z=20100$），与钻头进行交换。钻头的前端大约只露出 $0.3D$，图中也表示出来了。到 T50 时，切削完成，回到 T10 的起点。

按照这些刀具的移动过程进行编程，再加上主轴转速的变换，所得出的就是表 2 所列的程序了。

表 2　工艺过程卡

N	G	X	Z	K	F	S	T	M	
									CR CR
N100	G50	X400 00	Z501 00						CR
N101	G00					S46	T11	M08	CR
N102			Z588 20					M03	CR
N103		X160 00							CR
N104	G01	X 45 00			F0030				CR
N105	G00		Z201 00						CR
N106							T20		CR
N200	G50	X 45 00	Z201 00						CR
N201	G00					S42	T22		CR
N202		X 0							CR
N203			Z 80 00						CR
N204	G01		Z-10 00		F0025				CR
N205	G00		Z 201 00						CR
N206							T30		CR
N300	G50	X 0	Z201 00						CR
N301	G00						T33		CR
N302		X 130 00							CR
N303			Z 60 00						CR
N304	G01		Z 30 00		F0020				CR
N305		X 150 00	Z 21 00						CR
N306	G00		Z 60 00						CR
N307		X 104 00				S44			CR
N308	G01	X 121 00	Z 52 00		F0030				CR
N309			Z 30 00						CR
N310		X 152 00	Z 20 00						CR
N311	G00		Z201 00						CR
N312							T40		CR
N400	G50	X 152 00	Z201 00						CR
N401	G00					S58	T44		CR
N402		X 66 00							CR
N403			Z 60 00						CR
N404	G01	X 48 00	Z 51 00		F0020				CR
N405	G00		Z 60 00						CR
N406		X 76 00							CR
N407	G01	X 52 00	Z 48 00						CR
N408			Z -2 00						CR
N409		X 50 00							CR
N410	G00		Z 201 00						CR
N411							T50		CR
N500	G50	X 50 00	Z 201 00						CR
N501	G00					S50	T55		CR
N502			Z 58 00						CR
N503	G01	X 100			F0015				CR
N504	G03	X 120 00	Z 48 00	K-10 00					CR
N505	G01		Z 30 00						CR
N506		X 153 00	Z 18 00						CR
N507	G00	X 400 00						M09	CR
N508			Z 501 00					M05	CR
N509							T10		CR
N510								M00	CR ER

刀具补偿功能的有效利用

刀具尺寸会对机床的移动量产生影响，这是毋庸置疑的。拿着木棍与别人打架时，如果木棍短的话，距离不够近是无法打到对方的。

如果刀具轨迹线到刀尖之间距离短的话，移动量不够大，就会造成切痕不够深或者开孔深度不够。

地铁上空着一个人的座位，这时如果是一个苗条的年轻女性坐下到没什么问题，如果是一个身材比较胖的人坐下就会觉得很挤了。

刀具也是一样。应该使用由程序所预定直径的刀具来进行加工，如果是型号大的刀具，切削就会出现问题。例如，使用超出预定尺寸的立铣刀来切削物体外形，就会造成切削过度。

如果不能按照预定尺寸选择刀具的话，可以使用 G45~G48 的刀具直径补偿功能。相差的尺寸通过移动来填补上。

如果木棍短，那么只有多向前一步才能攻击到对方。将半径为 30mm 的刀具向前移动 100mm，切削刃就会到 130mm 处，半径为 25mm 的刀具就只能到 125mm 的地方，因此，要想使其移动至 130mm 处，就只有将前进量设为 105mm。

将刀具直径补偿开关预先设置为 500，若是 G45，那么 1 次会添加 5.00mm。"G45　X _ 　*"，X 的移动量就是在 X _ 的值上再追加 5mm。同样，"G46 X _ *"就是减少 5mm，"G47　X _ *"就是增加 5mm × 2=10mm，"G48

▲根据直径大小的不同，有时必须对其进行补偿

X _ 　*"就是减少 5mm × 2=10mm。

现在，我们利用上述功能举一个例子。首先，做出两个半径相差 5mm 的立铣刀切削同一个工件外周的程序，并对刀具路径进行比较。由此我们会知道刀具半径相差 5mm 会对刀具的移动产生什么样的影响。

由图 1 我们可知，与使用 ϕ20 的刀具（R10）相比，使用 ϕ30 的刀具（R15）时有 5 种情况，各个步骤的移动量增加 5mm、减少 5mm、增加 10mm、减少 10mm、或者完全没有变化。

为什么会出现这样的情况呢。假设图形尺寸为 l，预定的刀具半径为 R，变化的量是 r，让我们再查看一次相同图形中立铣刀的移动量。

126

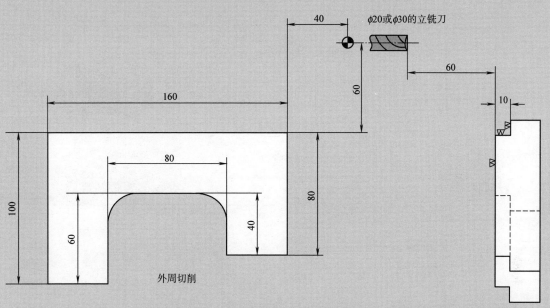

外周切削

使用 φ20mm 的立铣刀时（刀具中心的路径在外侧，比图形尺寸大 10mm）		使用 φ30mm 的立铣刀时（刀具中心的路径在外侧，比图形尺寸大 15mm）		半径增加 5mm 后，行程（stroke）的增减变化
	*		*	
N101 X-3000 F0	*	N101 X-2500 F0	*	−500
N102 Y-5000	*	N102 Y-4500	*	−500
N103 Z-5500	*	N103 Z-5500	*	
N104 Z-1500 F1 M03	*	N104 Z-1500 F1 M03	*	
N105 Y-10000	*	N105 Y-11000	*	+1000
N106 X-6000	*	N106 X-7000	*	+1000
N107 Y 4000	*	N107 Y 4000	*	
N108 X-6000	*	N108 X-5000	*	−1000
N109 Y-6000	*	N109 Y-6000	*	
N110 X-6000	*	N110 X-7000	*	+1000
N111 Y 12000	*	N111 Y 13000	*	+1000
N112 X 17000	*	N112 X 17500	*	+500
N113 Z 7000 F0 M05	*	N113 Z 7000 F0 M05	*	
N114 X 4000	*	N114 X 4000	*	
N115 Y 5000	*	N115 Y 4500	*	−500
N116 M00	*	N116 M00	*	

利用刀具直径补偿功能进行处理（对行程发生增减变化的步骤进行补偿）

N101	G46	X	−3000	F0	*		N110	G47	X	−6000		*
N102	G46	Y	−5000		*		N111	G47	Y	12000		*
N105	G47	Y	−10000		*		N112	G45	X	17000		*
N106	G47	X	−6000		*		N115	G46	Y	5000		*
N108	G48	X	−6000		*							

图 1 立铣刀的半径增加 5mm（φ30mm 与 φ20mm 差的一半）时的刀具直径补偿

127

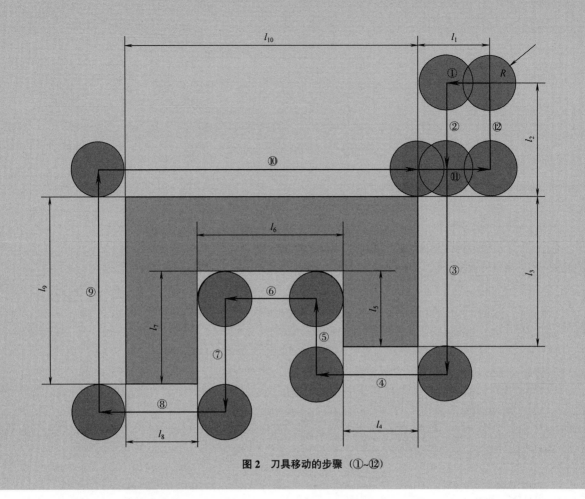

图2　刀具移动的步骤（①~⑫）

　　如图 2 所示，移动步骤是从①到⑫，它们的移动量是由所在位置的图形尺寸和刀具半径所决定的。步骤①的移动量是 l_1-R。如果 R 变为（$R+r$），那么 $l_1-(R+r)=l_1-R-r$。这说明如果从 R 的移动量上不减去 r 的话，就会切削过度。因此在这个步骤需要事先输入 G46 的指令，减去 r。就像这样，逐次检查步骤①到⑫，再确定应输入的功能 G。

入的功能 G。

　　表 1 所列是刀具半径为 R 时与刀具半径增加 r 后变为（$R+r$）时相比较的结果。上面画有横线的是与原来相比没有变化的部分。还必须对移动量进行增加、减少的操作。最右侧的栏内是与其相对应的功能 G。

表 1 刀具半径分别为 *R* 与 *R+r* 时的补偿功能

步骤号码	半径为 *R* 时的移动量	半径为 *R+r* 时的移动量	移动量的增减	补偿功能
①	l_1-R	$l_1-(R+r)=\overline{l_1-R}-r$	$-r$	G46
②	l_2-R	$l_2-(R+r)=\overline{l_2-R}-r$	$-r$	G46
③	l_3+2R	$l_3+2(R+r)=\overline{l_3+2R}+2r$	$+2r$	G47
④	l_4+2R	$l_4+2(R+r)=\overline{l_4+2R}+2r$	$+2r$	G47
⑤	l_5	$\overline{l_5}$	0	
⑥	l_6-2R	$l_6-2(R+r)=\overline{l_6-2R}-2r$	$-2r$	G48
⑦	l_7	$\overline{l_7}$	0	
⑧	l_8+2R	$l_8+2(R+r)=\overline{l_8+2R}+2r$	$+2r$	G47
⑨	l_9+2R	$l_9+2(R+r)=\overline{l_9+2R}+2r$	$+2r$	G47
⑩	$l_{10}+R$	$l_{10}+(R+r)=\overline{l_{10}+R}+r$	$+r$	G45
⑪	l_1	$\overline{l_1}$	0	
⑫	l_2-R	$l_2-(R+r)=\overline{l_2-R}-r$	$-r$	G46

讲到这里，让我们对最初的程序添加功能 G。对 $\phi20$ 的刀具进行编程，此外，为了在使用比 $\phi20$ 还要大一点的刀具时也能使用原有纸带，要添加功能 G，所得出的程序如图 1 所示的下面部分。在使用功能 G 的过程中只抽出需要刀具直径补偿的步骤就可以了。若需要使用比 $\phi20$ 还要小的立铣刀进行外周切削时，在变小的半径量前面加上符号 −，对刀具直径补偿开关进行预先设定，那么即使刀具变小也能够使用。

对刀具的 Z 方向进行长度调整时，多数刀具（支架）都能够自己进行长度调整（第 80 页），因此，刀具长度补偿没有必要使用功能 G。但是，因为功能 G 很方便，所以连 Z 方向的尺寸补偿都已经开始使用功能 G45、G46 了。而且，现在一般不说刀具直径补偿，而是说刀具尺寸补偿，或刀具位置补偿。它们的性质都是一样的，只不过是名称不同而已。

129

用二轴同时控制进行沟槽加工

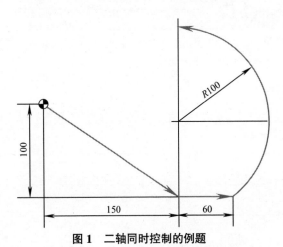

图1 二轴同时控制的例题

如图所示，在加工心形凸轮、沟槽凸轮或者特殊的立体凸轮时，最常用的方法是在铣床上安装二轴同时控制装置进行加工。

每一个凸轮的形状、构造都很复杂，因此，程序也必定十分复杂。NC装置自身可以按照简单的指令进行运转，并能够顾及到一些细小的地方，这是很有帮助的。

与我们此前学过的一轴控制用NC不同，二轴同时控制时也可以作斜线和圆弧的移动。

接下来，让我们马上做一下图1所示的例题。指令使用增量数值。

从起点出发，向右下方前进。以起点为原点，终点是X=150mm，Y=−100mm。那么，指令就是"X15000　Y−10000"。如图所示直线移动的方法有定位（G00）和直线切削（G01），因此需要先明确使用哪种方法。

快进时不使用F0，因为有另外的能够进行定位的准备功能G00，所以用G00给出指令。实际的移动速度与F0相同。此外，直线切削时需要用G01准备，进给速度需要用F1~F8等来决定。

还有一个指定平面的准备功能是连车床用NC装置也没有的。一起对XY发出指令时需要用G17进行预先准备，一起对ZX发出指令时需要用G18进行预先准备。不驱动二轴同时控制装置而是单独对X发出指令时，与上面相同，需要用G17或G18预先准备。同样，YZ时用G19。

在上面的例子中，移动至60mm处的完整指令是：

G17 G01 X15000　Y−10000 F1 ＊

　　　　X 6000　　　　　　　＊

但是，要设定为直线切削进给。定位操作时将G01换成G00，并且不需要F1。

请思考接下来的圆弧切削。首先，要知道从60mm的箭头处（目前所在位置，这是圆弧切削的起点）到圆弧的箭头处（终点）的移动量，是X=−60mm、Y=180mm。

G03是逆时针运转。因此，指令为"G17　G03　X−6000　Y18000　F1　＊"。

虽然图中只画了一个圆弧，但是连接起点和终点的圆弧既有大圆也有小圆。因此，为了能够明确是哪个圆弧，我们可以将圆弧的中心分别设为I、J。当然，中心位置也是用从起点开始的距离来表示的。中心位置是I=−60mm、J=80mm。那么，圆弧运动的完整指令是：

G17 G03 X−6000 Y18000 I−6000

J8000　F1　＊

接下来，就用所学过的知识编写下面这个程序。连续进行直线运动和圆弧运动，用二面刃、φ20 的立铣刀按照图形加工宽 20mm 的沟槽。

假如立铣刀的底刃在距原材料表面的上方（与纸面垂直）100mm 处，发出"Z-10500"的指令后，再给出上面的指令，那么就可以进行宽 20mm、深 5mm 的沟槽加工了。程序如下：

N101	G18	G00	Z-9500			*
N102		G01	Z-1000	F1	M03	*
N103	G17		X15000	Y-10000	F2	*
N104			X6000			*
N105		G03	X-6000	Y18000	I-6000	
					J8000	*
N106	G18	G00	Z10500			*
N107	G17		X-15000	Y-8000	M05	*
N108					M00	*

▲心形凸轮

▲圆筒凸轮的加工

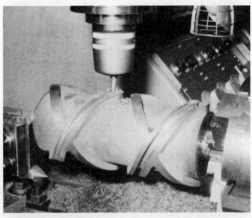
▲沟槽凸轮的加工

▲立体凸轮的加工

131

用二轴同时控制进行转角加工

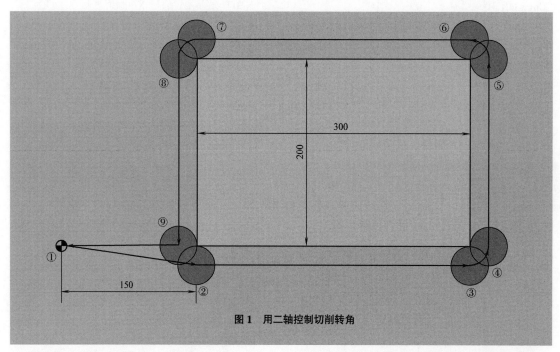

图1　用二轴控制切削转角

第133页的程序是以刀具中心路径为指令值，被切削的部分是距工件两侧的距离为刀具半径长度的地方。进行沟槽加工时，使用刀具的直径已经确定，沟槽的形状和尺寸也通过沟槽的中心线确定下来了，因此那样是可行的。

但是，如图1所示，切削外周时，大部分情况下只有图形尺寸（此时图形尺寸为150mm、300mm、200mm），使用刀具的半径（这里以利用立铣刀切削外周的程序为例）并没有确定。

在使用150mm、300mm、200mm的尺寸

进行编程的同时，也正在准备着使刀具经过偏置（off set）的特别命令。若能够熟练操作这些命令的话，NC装置会自动地计算刀具路径并发出指令，作图中所示的运动。四个角的刀具的环绕方式也与一轴控制时很不一样。

我们先列出切削300mm×200mm的长方形的程序，再对其内容进行说明，程序如下：

N101 G17 G42　G01 X15000　I300 F1　*
N102　　　　　　　　　　 X30000　*
N103　　　 G39　　　 J200　*

N104		Y20000	*
N105	G39	I-300	*
N106		X-30000	*
N107	G39	J-200	*
N108		Y-20000	*
N109	G40	X-15000	*

N101 的指令是将刀具从①移至②，移到这里的目的是切削 N102 所示的 X=300 的边。为此，必须将刀具向右偏置。"向右偏置"的指令是 G42。

此外，I300 表示的是下一个步骤中想要切削 X=300 的边，以及为此想要设定的偏置。刀具向与 I 或者 J 表示的面的垂直方向偏置。

在 N102 的步骤中，为了能够切削好这个面，在前面的步骤中已经设置了偏置。通过"X30000"的指令，刀具经过有半径长度偏置的路径，因而能够正确加工那个面。

在快要加工时，只要当场进行测量，就会知道使用的立铣刀的半径。而且 NC 装置里面有设置尺寸的开关。按照尺寸进行设置，如果半径为 12.48mm，那么设置为 1248 就可以了。

在 N102 与 N104、N104 与 N106、N106 与 N108 中，加工面不断地改变。因此，刀具也必须与下个步骤中要加工的面相对应，不断改变自己的方向。

G39 是在转角处改变刀具方向的命令。下一个步骤中要加工的面用 I 或 J 来表示，进行回转使刀具与面垂直。与汽车在十字路口处拐弯时的情况相同，司机总是会通过改变车的方向来观察前方的车况。

在 N103 的下一个步骤 N104 中，必须切削 Y=200mm 的面。而前一个步骤 N103 中的 J=200 就是在告诉 NC 装置想要切削这个面，如何改变刀具的方向。从③到④，刀具画圆弧形状，并向前移动。

N108 是朝下切削。因此，前一个步骤 N107 中的 J=-200，就是告知 NC 装置要切削朝下的面。

在 N109 时，操作完成并返回原点。返回原点以后，切削也完成了，因此不再需要偏置的状态。给出 G40"偏置结束"的指令，同时给出"G40 X-15000"指令，此距离为"若已经不是偏置状态则必须移动的距离"，也就是将原有的 150mm 作为指令值使用的话，两个指令会变为一个，返回原点。

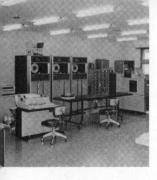

自动编程

设坐标原点为 $P0$，在距坐标轴一定距离处，画四条直线 $S1$、$S2$、$S3$、$S4$，由这四条直线所围成的长方形为 $P1P2P3P4$。那么，用直径为 $\phi10$ 的刀具切削这个长方形的程序是怎样的呢。画这样的长方形时用我们一直用的方法就可以了，对计算机也发出同样的指令。接下来，让我们按照程序的顺序对每一个步骤进行说明。

开始制图

我们已经设坐标原点为 $P0$，也就是 $X=0$、$Y=0$ 的点。自动编程时，设点（0，0）为 $P0$，用 $P0=0/0$（SEQ5）来表示。上数第 5 行写着 *DEFINITION（定义）的下面，排列着给直线和点命名的公式。我们把这称为"给直线和点定义"。也可以给圆进行定义。例如，以 $P0$ 为中心，半径为 25mm 的圆为圆 $C0$，那么定义的公式就是 $C0=P0/25$。

下面开始制图。在 X 轴上方 20mm 处画一条直线（S 表示的是直线，P 是点 Point 的开头字母），要将这条直线定义为 $S1$，那么 $S1=20$，A（SEQ6）。这就好比我们用尺子量好后写在纸上一样，我们把它写在了计算机里。A 代表 above（上方），表示的是在基准线（上下方向时使用 X 轴）的上方 20mm 处。

接着，在直线 $S1$ 的上方（A）60mm 处

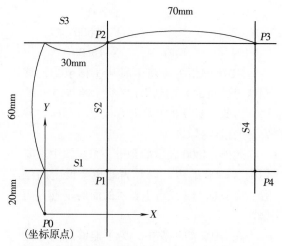

▲长方形 $P1P2P3P4$ 的加工

再画一条直线，设为 $S3$。即 $S3=S1/60$，A（SEQ8）。要注意，不是 X 轴上方而是 $S1$ 的上方。

接下来画纵向的线。与 Y 轴平行，在右侧用 R 表示，左侧用 L 表示，相隔的距离用 mm 单位表示。直线 $S2$ 在基准线 Y 轴右侧 30mm 处，$S4$ 是 $S2$ 右侧 70mm 处的一条直线。因此，程序为 $S2=30$，R（SEQ7）和 $S4=S2/70$，R（SEQ9）。

这样，用四条直线围成的长方形就画出来了。用 $\phi10$ 的刀具切削这个长方形的程序如图所示。它是以 $P0$ 为起点切削的，也就是从这里出发的意思，即 FROM $P0$（SEQ17）。为了能够区分长方形的各个角，我们将直线的交点分别定义为 $P1$、$P2$、$P3$、$P4$。

从图中可以看出，直线 $S1$ 与直线 $S2$ 的交点定义为 $P1$。用公式表示就是 $P1=S1/S2$（SEQ10）。同样，$P2$、$P3$、$P4$ 也要用公式来定义（即 SEQ11~SEQ13）。

一开始我们就在计算机中将点（0，0）定义为 $P0$，而对于 $P1$、$P2$、$P3$、$P4$，计算机用超出我们人类很多的计算速度（中型计算机的话，1s 可加减 33 万次）算出结果，并将这个结果记忆下来。

告知切削数据

马上就要开始切削了（从 *MOTION 开始）。刀具直径为 $\phi10$。这在 SEQ14 已经设置了 CUTTER，10。切削从 $P1$ 开始到 $P2$、$P3$、$P4$，因此，必须将刀具（Tool，TL）放在左侧（L）。用公式 TL，L（SEQ15）表示。

转动主轴（SPINDL/ON）开始操作。要让计算机知道起点是 $P0$，也就是 FROM，$P0$（SEQ17）。TL，L 都已经确定下来，将刀具设为偏置，即 OFFSET，ON（SEQ18）。

由于从起点 $P0$ 到 $P1$，切削还没有开始，因此可以快进（RAPID）。SEQ20 的/$P1$ 表示的就是向 $P1$ 直线前进。

开始切削时，将进给速度设为 100mm/min。用 FEDRAT/100（SEQ21）来设置。再用 DLT，–25（SEQ22）的指令，相对于切削面垂直降低刀具 25mm。

准备工作都做好后，向 $P2$、$P3$ 移动，指令为 SEQ23~SEQ26 的/$P2$、/$P3$、/$P4$、/$P1$。完成切削后，将刀具垂直提起（DLT，25），结束偏置（OFFSET，OFF），通过快进（RAPID）返回起点（/$P0$）。

```
' JOB
' COMPILE
        SEQ    1              PARTNO/J1DO-PROGRAM
        SEQ    2              PPFUN/4028.00
        SEQ    3              MACHIN/F220A.1030.1110
        SEQ    4              CLPRINT
                              *DEFINITION
        SEQ    5              P0=0/0
        SEQ    6              S1=20.A
        SEQ    7              S2=30.R
        SEQ    8              S3=S1/60.A
        SEQ    9              S4=S2/70.R
        SEQ   10              P1=S1/S2
        SEQ   11              P2=S2/S3
        SEQ   12              P3=S3/S4
        SEQ   13              P4=S4/S1
                              *MOTION
        SEQ   14              CUTTER.10
        SEQ   15              TL.L
        SEQ   16              SPINDL/ON
        SEQ   17              FROM/P0
        SEQ   18              OFFSET.ON
        SEQ   19              RAPID
        SEQ   20              /P1
        SEQ   21              FEDRAT/100
        SEQ   22              DLT.-25
        SEQ   23              /P2
        SEQ   24              /P3
        SEQ   25              /P4
        SEQ   26              /P1
        SEQ   27              DLT.25
        SEQ   28              OFFSET.OFF
        SEQ   29              RAPID
        SEQ   30              /P0
        SEQ   31              END
        SEQ   32              FINI
        SEQ   33              PEND
NORMAL END OF COMPILE
```

▲▼ 由上面的程序可以制作出下面的纸带

自动编程中，SEQ31~SEQ33 是针对附属物的命令，相当于 M00 或 ER。通过这个指令，计算机精确地计算出刀具路径，并记明要点。实际上这也要用 CLPRNT（SEQ4）事先设置好。

▲由行式打印机打出的工艺过程卡

也可制作工艺过程卡

做好的纸带的内容和我们手动编程时最初制作的工艺过程卡都是通过行式打印机打印出来的。也就是左端号码的 007 到 018 的地方。

途中出现警告。在"WARNING"处，出现"切削就要开始，可是没有切削液"的提示。材料是铸铁，所以可以不使用切削液。但系统仍帮助我们注意到了这么细微的地方。

还剩下一个指令。那就是需要制作挂在 NC 装置上的纸带。MACHIN/F220A，1030，1110（SEQ3）表示的是将以下信息传递给计算机，所使用的 NC 装置（MACHIN）为 F-220A 型，它的规格是 1030、1110。这样，纸带就做好了。

```
..... POSTPROCESSOR OUTPUT FOR FANUC 220A .....                              PAGE 0001

     PARTNO JIDO-PROGRAM

....................PUNCHED TAPE BLOCK DESCRIPTION........................EE .......TOOL POSITION............
TAPE /(N) (G)(G)    (X)       (Y)       (Z)     (A.B.C/I.J.K)  (F/I) (H)(S)(M) KB   ABS-X    ABS-Y    ABS-Z   ABS-A.B.C

0001                                                              M03 * SPDL-CLW........
** FROM **                                                                   0.000    0.000    0.000    0.000
0001        G17G00 X.....2500 Y.....2000 Z........0                      * RAPID..........
                                                                          FEDRAT/...   100.00 ( MM/MIN )

NING ISN=0012 NO COOLNT/ SPECIFIED BEFORE BEGINNING CUTTING.

0001        G18G01 X........0 Y........0 Z...-2500                 F0100  *
0001        G19    X........0 Y.....6500 Z........0                      *
0001        G17    X.....8000 Y........0 Z........0                      *
0001               X........0 Y...-7000 Z........0                      *
0002        G18    X........0 Y........0 Z....2500                      *
0002        G17G00 X...-3000 Y...-1500 Z........0                      * RAPID..........
0002                                                              M05 * SPDL-OFF........
0002                                                              M00 * END..........
0002                                                                 * *

      788.....SPACES INSERTED HERE.

***************************** DATA OF THIS SECTION ********************************
RENT TOOL POSITION ............      X =       0   Y =       0   Z =      0   A =      0
E FOOTAGE (  12 BLOCKS)             4.31 METERS  ( 14.15 FEET)
HINING TIME ...............      CUT= 3.4 MIN.  DWELL= 0.0 MIN.  RAPID= 0.0 MIN.  TOOL CHANGE= 0.0 MIN.
TPROCESSING ERROR SUMMARY .........  NUMBER OF ERROR= 0 , WARNING= 1

INI**

*********************************************************************************

AL TAPE FOOTAGE (  12 BLOCKS) .......    4.31 METERS   ( 14.15 FEET)
AL MACHINING TIME ...............      CUT= 3.4 MIN.  DWELL= 0.0 MIN.  RAPID= 0.0 MIN.

TPROCESSING ERROR SUMMARY .........  NUMBER OF ERROR= 0 , WARNING= 1
 END OF POSTPROCESSOR ADIOS ---
```

▲自动编程的情况下，工艺过程卡与纸带同时被打印出来

关于NC（续）

功能的差异

用钻床钻 $\phi14$ 的孔，需要使用 $\phi14$ 的钻头，钻 $\phi15$ 的孔则使用 $\phi15$ 的钻头，因此孔的尺寸方面没有问题。正确快速地将钻头移向加工位置是钻床操作的重点。要提前准备好各种与孔的直径相对应的钻头。

车床和铣床有切削工件外周形状（轮廓）的操作。切削外周时，移动刀具的速度（进给速度）必须适当。

关于刀具的移动，有随着进给丝杠移动就可以的"直线切削"和同时移动两个轴来制作轮廓的"轮廓切削"两种情况。

两种情况下所制作产品的形状，不是像钻床那样由使用刀具决定，而是由车刀的移动方式来决定。

控制刀具移动的方法也不同。

与各种操作相对应，NC有以下几种控制刀具移动的方式：

- 定位控制
- 直线切削控制
- 轮廓切削控制

定位时，在刀具移至要加工的位置之前，都没有切削操作，因此不管是哪一种刀具，只要进给速度够快就可以了。这叫做定位速度或者快进速度，每分钟4.8m左右。

与此相反，直线切削时，根据刀具种类和工件材质的不同，需要改变切削速度。所以，除了快进速度，还需要指定切削速度。由于是一轴一轴地移动，所以可以以自己所希望的速度来转动轴上的电动机。拧开水龙头的程度决定水流的大小，同样，通过操作可改变脉冲发振器上电压的拨盘，能够控制转动电动机的脉冲流量。

轮廓切削时，需要控制刀具沿着轮廓移动的方式以及刀具沿着轮廓移动的速度。轮廓切削控制装置具有对二者发出指令的功能。从 X、Y 二轴同时控制的例子来看，它可以将沿着轮廓移动的高级指令分解转化为简单的指令，使 X 轴和 Y 轴在同一时间，以各自的速度移动各自的距离。也就是说，轮廓切削控制装置可以分解操作，从而使两轴移动的合成结果与指令内容相同，即具有分配脉冲的功能。

▲这是二轴同时控制的"轮廓切削"

138

各种功能

在 Z 方向，也就是说需要灵活地调整刀具的切割深度时也可以利用这个功能。

现在，在 Z 方向的刀具位置和刀具尺寸补偿方面也都开始

使用这个刀具直径补偿功能了，所以，最初被称为刀具直径补偿功能，但是现在已经改称为"刀具位置补偿"或"刀具尺寸补偿"，它们都是一样的。

●加速、减速

以时速为 200km 行驶的列车能够准确地在停止线以内停下来，是因为驾驶员逐渐地降低了车的行驶速度。这是减速，与此相反，逐渐地提高速度就是加速。

NC 的定位速度能够自动地加速或减速，因此可以正确地进行定位。

●直线切削的轨道修正

编写用直线切削控制切削工件外周的程序时，要使刀具中心经过外侧的距离为刀具半径长。因此，当所使用的刀具的半径与预定的半径不同时，需要重新做纸带。

如果对与预定半径不同的刀具使用了原来的纸带，那么还可以使用刀具直径补偿功能。

不仅仅是在 XY 平面内切削工件内外侧的时候，还有

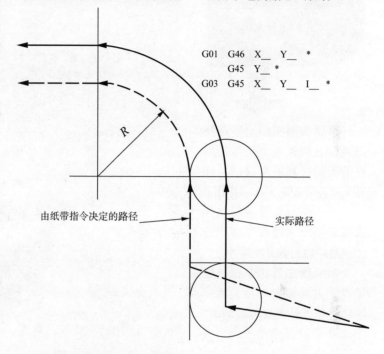

```
G01  G46  X__  Y__   *
      G45  Y__  *
G03  G45  X__  Y__  I__  *
```

由纸带指令决定的路径　　　实际路径

▲补偿长度为刀具半径长的轨道

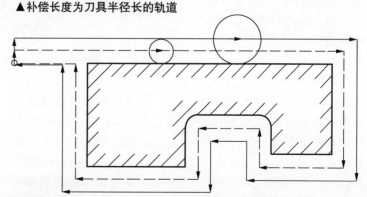

▲编程时，要使刀具中心经过外侧的距离为刀具半径长

139

刀具偏置

轮廓切削控制不单能使刀具作直线移动，还能使刀具沿着斜线和圆弧移动。此时是脉冲分配功能在起作用。

为了使刀具沿着斜线和圆弧移动，需要按照适当的比例给两边的轴分配脉冲。

如果预先给这个控制装置设置刀具偏置的话，就能够经过靠近外侧或者内侧的，距前一个刀具路径的距离为半径长的地方。

而在编写程序时，即使不知道刀具的半径是多少也没有关系。

整理一下上面所讲的内容，我们可以知道，用轮廓切削控制进行轮廓切削时，使用与图形相关的尺寸（不使用刀具半径的尺寸）来编写程序的话，会按照图形切削工件。

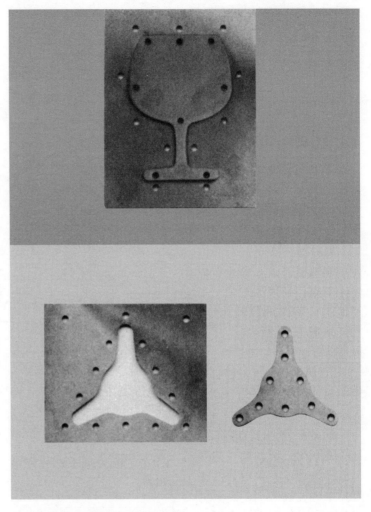

▲可以用同一纸带切削公模和母模

若直线切削控制装置不具备刀具偏置这个便利功能，那么，除了图形尺寸，还需要使用刀具半径来进行编程。

如果能够熟练使用偏置这个功能的话，既能在指定路径的外侧或者内侧设置偏置，还能区分指示半径的 + 和 −，用同一纸带切削公模和母模。

固定循环加工

分析丝锥攻削的操作如下：
① 定位。
② 主轴正转。
③ 靠近（使用快进）。
④ 攻丝进给。
⑤ 停止、主轴停止。

⑥ 主轴反转。
⑦ 退出丝锥（使用切削进给速度）。
⑧ 退出（使用快进）。
⑨ 主轴停止。
⑩ 下一个位置开始定位、主轴正转，即使孔的位置、丝锥深度有差异，操作过程及顺序（①～⑩）是固定不变的。

只要给出"G84"的固定循环指令，机器就会自动有序地重复这个操作。

对程序来说，只要给出定位移动量、靠近量、螺钉深度就可以了。如果具备了这样的固定循环功能，操作就会很便利。

例如，有的机型可以在4个位置开孔，程序如下：
G81 X2500 Y6000 F0　　 *
　　　（定位后 #1 开孔）
　　X5000 Y7000　　　　 *
　　　（定位后 #2 开孔）
　　X3000　　　　　　　 *
　　　（定位后 #3 开孔）
　　X4000 Y-5000　　　 *
　　　（定位后 #4 开孔）

用 G81 指定循环，通过对 NC 装置预先设置"Z-02000 F1"来指示加工孔深以及进给速度。

与各种固定循环加工有关的指令有 G80、G81、G84、G85、G86、G87、G89 等。

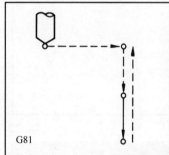

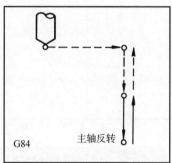

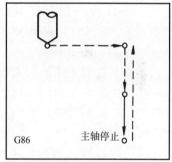

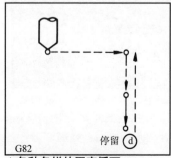

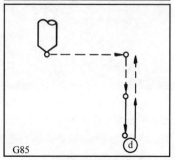

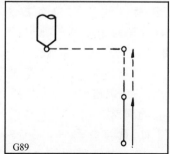

▲各种各样的固定循环

纸带代码

在仿形加工中，主凸轮的形状本身成为指令。而在 NC 中，把从图样上读取的尺寸输入到纸带上，根据那个数值进行控制。

NC 纸带的代码有 EIA 代码和 ISO 代码两种。它们都是在 1in（25.4mm）宽的纸带上可以开 8 行孔，由一列上 8 个孔有无的组合来表示数字、文字、符号。EIA 代码使用奇数个孔，ISO 代码使用偶数个孔。

EIA 代码对第 5 列的孔进行调整以使孔数为奇数，ISO 代码对第 8 列的孔进行调整以使孔数为偶数，从而达到均等。我们把检查纸带的读取错误这一操作称为"奇偶校验（parity check）"（第 115 页）。

输入进纸带的信息中，

CR 与 CR 之间的部分就是 NC 加工的部分。将纸带放在读取纸带处，按下起动纸带的按钮，纸带会马上开始行走，读取第 1 个步骤的指令，到下一个 CR 时停止。

ER 是写在程序末尾的符号，是 END OF RECORD 的缩写。

现在，大多使用的是将地址（N、G、X、Y、Z、F、M 等）写在各个词语的开头的形式。写上 Address 的话，就会马上知道它后面的数值应该存进哪个自动记录器。

通常使用的纸带格式如下：
N3，G2，X+42.（Y+42，Z+42），F1（或 F2、F3、F4），S2，T2，M2，*

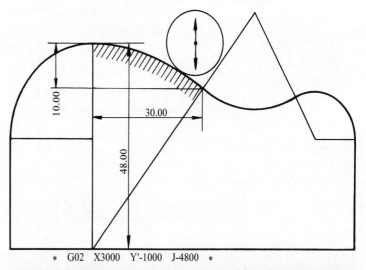

* G02 X3000 Y'-1000 J-4800 *

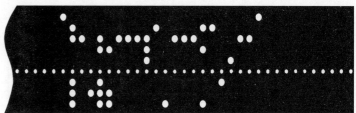

仿形加工时，制造如图所示的模板，在它的上面移动触针，将触针的上下移动作为信号取出，来进行加工。NC 加工时，纸带所示的数值成为指令值。G02 指令代表的是从左向右按顺时针切削。

▲剖面线部分的切削指令

闭环式

读取纸带，在 NC 装置中按照地址给数值分类，再将它们存进各自的自动记录器，然后开始下面的操作。

将程序输入进纸带时，需要敲击打孔器的 N 键或 G 键，而 NC 机床中被读取的信息已经全部转变成由一连串的 0 和 1 组成的机械用语，是很特别的计算机语言。在 NC 装置中，程序的 0 转换为没有脉冲，1 转换为有脉冲之后开始自动处理。

读小学时我们连加法也要进行验算，以检验得出的结果是否正确。最初的计算是往下计算结果，而验算就是看到结果后进行的检查，也就是往回算。

NC 也有类似于计算和验算的指令。

通过指令纸带，获得指示前进到哪个位置的目标值。

NC 装置根据目标值来运转机床。

检查移动的结果称为检测，所使用的装置就是检测装置，类似于人的眼睛。

把检测出的结果送回去，称为反馈（feed back）。

比较目标值和反馈回来的数据。

如果还没有达到目标值，那么它们之间的差会转变为下个瞬间的指令值。

如果检测结果与目标值一致，它们之间的差为 0，那么流向伺服构造的指令值也为 0，机床停止。

NC 完成操作。

用这种方式关注信号的流动，最初由 NC 装置所发出的信号经过伺服电动机、进给丝杠、检测器、电线，再返回到 NC 装置，环绕一周后，环关闭。

因此，我们把这个方式叫做闭环式（closed loop 方式）。一般认为，此时使用的伺服电动机最好是 DC 电动机。

没有闭环式所使用的检测器，即不使用反馈信号的 NC 方式叫做开环式（open loop 方式）。

在算数的例子中，如果能够确保计算结果百分之百正确的话，也就不需要验算了。

在 NC 机床的伺服电动机中，对于每一个指令脉冲，如果它们的回转角能够使用非常精确的电动机的话，就可以完全信任移动结果，省略位置检测的操作。

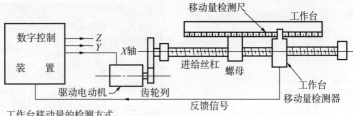

工作台移动量的检测方式

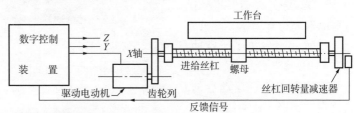

进给丝杠回转量的检测方式

▲ 闭环式（closed loop 方式）

开环式

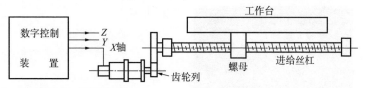

▲开环式（open loop 方式）

作为伺服电动机(如脉冲式电动机)，如果是 300 个脉冲可回转一周的特殊的电动机，就不需要特意去检查机床的移动，也无需与目标值进行比较。

使用脉冲式电动机时，在大多数情况下不需要用检测装置，不使用检测装置也就没有反馈信号，环也不会关闭。因此，我们将这种方式称为开环式(open loop 方式)。

地址 X、Y、Z 后面的数首先进入计数器，到最后一步的 CR 后，连续是 1，一直到进入计数器的数变为 0 为止。此外，每一次减法都发出 1 个脉冲的信号。

这使我想起了运动会的投红白球比赛。比赛结束后，将球一个一个取出，一直到数完为止。

假设进入计数器的数是 12345，就会进行 12 345 次的减法，产生 12 345 个脉冲。

产生的脉冲流向由地址所指示的 X、Y 或 Z 轴上的电动机。也就是会有 12 345 个脉冲流向那个电动机。如果设定 1 个脉冲机床移动 0. 01mm 的话，那么 12 345 个脉冲机床就会移动 123. 45mm。

因此，想要使立式铣床的主轴以 F1 的速度向左移动 123.45mm 时，只要给出下面的指令就可以了：

"X – 12345 F1 CR"

F1 是拨盘上的 #1，类似于收音机上调节音量的旋钮。用它来调整电压，可以控制脉冲的周波数，也就可以控制进给速度。通常，它的刻度是 1 ~ 5，200mm/min。将 F1 设置为 100mm/min 的话，主轴移动所需时间大概为 1. 2min，即 123 .45mm/100 (mm/min)= 1.2345min

投红白球比赛	纸带的读取和指令脉冲的发送
努力地将球投入篮中	起动纸带，纸带指令的数值进入计数器
听到裁判的哨声后，要停止投球	读到 CR 后，停止读取纸带
"1 个、2 个、…"开始数球，篮中的球渐渐减少	1 个、2 个、…脉冲流出，计数器的内容逐渐减少
篮中的球被数完以后，计数结束	计数器的内容为 0 时，发送脉冲过程结束

▲投球比赛与计数器的共同点

自动化

以家用电器为例，我们来看一下自动化的相关内容。

我们在用手洗衬衫时，如果发现袖口和领子还没有洗干净，就会再多花费些力气和时间，一直洗到我们满意为止。

但是，如果放进洗衣机自动洗衣的话，洗衣机不会对洗完的衣服进行检查，也就不会意识到应该重洗一遍，它只会按照事先设定好的顺序完成工作。

与洗衣机稍微不同的是电冰箱。

电冰箱达到合适的温度5℃以后，如果反复开、关电冰箱门的话，就会使温度上升到8～10℃。那么，电冰箱比较目标值（5℃）与现在的温度后，意识到温度偏高，就会自动起动开关，运转压缩机，以返回到目标值。当冰箱内温度达到目标值后，开关关闭。

由此，我们给自动大致分类的话，可以分为：

① 进行比较、检查，再实行修正操作的自动控制。

② 不做检查和修正操作，仅仅是代替人工的自动操作。

NC是属于第①个自动控制的自动化。在程序中，如果既能进行主轴的正反转和停止、切削液的供给停止以及换刀等（使用功能M），还能根据需要改变主轴转速（使用功能S），以及指示机床加工（使用功能T），那么机床操作就会很便利，机床的工作效率也会提高。

因此，NC机床一般采用由①的自动控制（反馈控制）和②的自动操作（顺序控制）两方面合成的自动化。

加工中心充分地利用了顺序控制这个功能。

▲ 使用由"自动控制"和"自动操作"合成的自动化NC机床中，以带有ATC的加工中心最为典型

二进制

符号的数值就是代码。

在 EIA 代码中，表示 0 的纸带第 6 行的 1 个孔，表示的是二进制的 00100000。十进数的话是 32，也就是说数字 0 代表 32。

255 种孔的组合当中，只有一部分可以成为纸带代码。

用二进制也可以进行普通的计算。用电气回路开关（电子开关）的 ON 和 OFF 来表示 1 和 0。

将算盘的 5 个珠拨回原位，也就是设为 0 的状态，然后依次加 1，一直加到 15。算盘珠子的变化状态如图所示。

算盘珠子在下面时为 0，在上面时为 1，就是用这一连串的 0 和 1 来表示数字 0~15。

这种只由 0 和 1 组成的数被称为二进制。若 0 表示无孔，1 表示有孔，那么纸带可以用有孔和无孔的组合来表示二进制。

以二进制、4 位为例，使用 4 个孔道可以表示 0~15 的 16 个数值。

每增加 1 位，所表示的数值就会成两倍地增加。因此，如果为 8 个孔道的纸带，$2^8=256$，即可以表示从 0 到 256。

用来表示数字、文字、

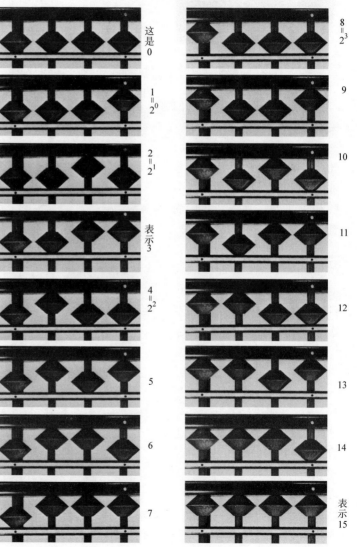

这是 0

$1 = 2^0$

$2 = 2^1$

表示 3

$4 = 2^2$

5

6

7

$8 = 2^3$

9

10

11

12

13

14

表示 15

符号板与位置检测

纸带的孔道相当于二进制的位数。从下面的位开始数，分别为1、2、4、8、16、32……。

在圆盘上画同心圆，从最外侧向内侧，分别为1、2、4、8位。如图所示，涂上不同的颜色后，可以表示出0~15。

黑色的部分是金属做的，如果通上电的话，用金属刷接触面板，就会知道金属刷现在位于哪个位置（0~15）。

我们把它称为二进符号板。它是固定在机床的进给丝杠上的。而且，如果机床的工作台也和符号板一样分为16个数，即0~15，那么通过从符号板上取出的电磁信号，就可以知道机床的工作台现在移动到了哪个位置。也就是说，可以进行位置检测。

用同样的想法制作十进符号板，只要准备必要的位数，就可以将其用于车床等绝对坐标方式的检测器。OSP方式的NC装置就是一个极好的例子。

钟表分为时针、分针、秒针，24h的时间可以精确到s的单位。

如果将上述的检测器四五个一起使用，那么连工作台移动0.01mm也可以检测出来。

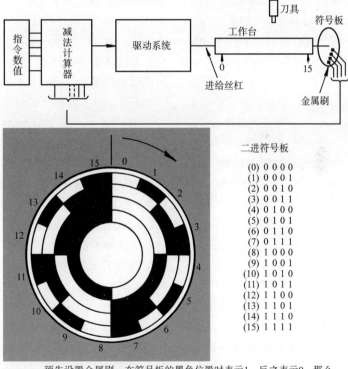

二进符号板

(0) 0 0 0 0
(1) 0 0 0 1
(2) 0 0 1 0
(3) 0 0 1 1
(4) 0 1 0 0
(5) 0 1 0 1
(6) 0 1 1 0
(7) 0 1 1 1
(8) 1 0 0 0
(9) 1 0 0 1
(10) 1 0 1 0
(11) 1 0 1 1
(12) 1 1 0 0
(13) 1 1 0 1
(14) 1 1 1 0
(15) 1 1 1 1

预先设置金属刷，在符号板的黑色位置时表示1，反之表示0，那么就可以以360°/16为单位读取角度。

▲OSP方式的NC装置

▲用二进符号板进行位置检测

NC 装置的规格

① 控制轴数：若是车床使用的装置，那么只需直径方向、较长方向（X轴、Z轴）的两个轴就可以了。铣床等所使用的装置则需要X轴、Y轴、Z轴。即使这样还不够时，还可以使用U、V、W轴，回转轴可以使用A、B、C轴等附加轴。

② 同时控制轴数：指的是可以同时控制的轴数。如果同时控制轴数增加的话，就需要更强的功能。

直线切削控制的情况下是一轴同时控制，轮廓切削控制时是二轴同时控制，还有三轴同时控制以及更多的轴同时控制。

③ 最大指令值：读取输入进纸带的信息后，使用计数器和自动记录器将信息储存在NC装置中并进行运算。计数器的位数是固定的，因此对指令值有限制。

④ 进给速度：有F1位、F2位、F3位、F4位等的代码。

F1位时，用F1或F5等符号表示，使用F1、F5的拨盘设置实际的值。

F2位使用标准数的数字代码。这个标准数的公比大约是1.12的等比级数。若F00=1，代码增加20，那么数值将增加10倍。

F3位、F4位代码直接指定了进给速度。例如，用"F0060"指令将进给速度设置为60mm/min。

⑤ 齿隙补偿：用NC运转机床时，有一点很重要，那就是指令数值（指令脉冲的个数）与移动的距离成直线比例。

不仅如此，在移动的过程中如果出现游隙，那么游隙部分的指令数值就会被浪费掉，从而造成运转机床所需的脉冲不足。在这种情况下，预先补加与游隙相当的脉冲数（以0.01mm的游隙等于1脉冲来计算）就可以了。

用这种方法来补加齿隙，确保脉冲充足，就叫做齿隙补偿功能。

⑥ 螺距误差补偿：对于由进给丝杠引起的机床移动，如果有超出检查规格的地方，就需要考虑调整进给丝杠的回转。通过从纸带以外的地方所获得的信号来追加指令脉冲，若指令脉冲被阻止，则进给丝杠的回转量可以调整为比纸带指令多一些或少一些。

如果进给丝杠出现螺距误差，机床的某个部位没有按照指令脉冲移动，那么，在使用进给丝杠出现误差部分的时候，可以通过DOG和微动开关来增减指令脉冲，从而补偿螺距误差。

⑦ 单程序段（Single Block）：不能用刚制作好的纸带进行切削操作。纸带需要被反复订正后才能开始使用。

开始我们要以程序的一个步骤为单位来检查操作。读取纸带时，每读完一个步骤就会停下来，这就是单程序段功能。

⑧ 手动数据输入（MDI）：NC机床使用纸带指令是一个常规。但有的时候也可以不制作纸带，而在操作时立即做出只有1个步骤的指令。

此时，要遵循与制作纸带完全相同的格式，手动（manual）操作某个开关，输入数据（data input）。

⑨ 工具停留：例如，淘洞底时，要将刀具停留（dwell）在那里2s或3s，这时使用的就是Dwell功能（G04）。"G04X250 CR"可以停留2.5s。

小结

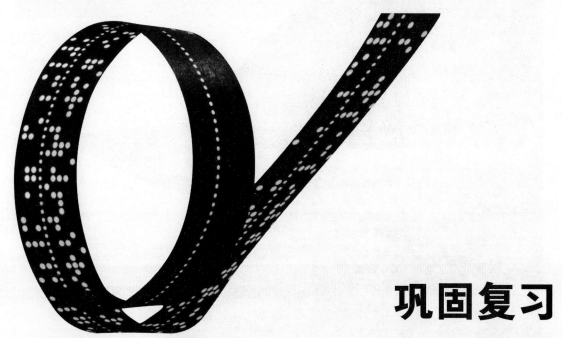

巩固复习

关于 NC 加工，我们粗略地进行了介绍。在 140 多页的内容中，相信会有大家记忆模糊的部分吧。当然，也许也会有一些难懂的内容。考虑到这些，在这里我们重新整理一下关于 NC 的内容。但这并不是简单地重复原来所讲过的，而是抓住重点对整体进行一个概括。

——★——

什么是 NC?

NC 是指以纸带等为媒介，通过数值和符号所表示的信息来自动控制机器。NC 主要是对机床而言的。

NC 的主角是 NC 装置（是专为此目的而制造的特殊的、单一功能的计算机）和伺服系统。要运转它们当然需要程序（各种命令的组合就是程序）。

也就是说，NC 是由程序、计算机系统和伺服系统所构成的。

由于单一功能计算机的功能不同，就产生了我们接下来要讲的"位置控制"、"直线切削控制"、"轮廓切削控制"之间的差异。而且，如果将单一功能的计算机置换为通用计算机，还可以扩大功能。

根据所用伺服系统种类的不同，可分为需要反馈信号（闭环式）和不需要反馈信号（开环式）两种形式。

NC加工的实例

叶轮

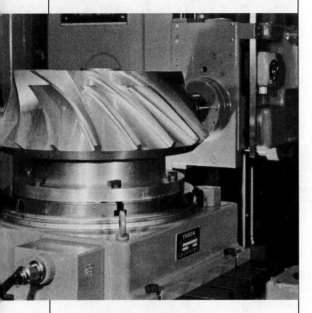

使用机种：加工中心

被削材质：硬质铝

被削材尺寸：$\phi 600 \times 400$

使用工具：带有锥度的 $\phi 20$ 四面刃圆头槽铣刀（高速钢），有效刃长为150mm

主轴转速：470r/min

进给速度：50~200mm/min

切削时间：27h

控制轴数：四轴（四轴同时控制）

精加工叶面时，在刀具的侧面进行切削，以缩短切削时间。为此，需要四轴同时控制。

2. 轮廓切削控制

使用铣床切削凸轮轮廓的时候，以及使用车床切削牛奶瓶和啤酒瓶形状的圆形物体的时候，为了使刀具路径能够沿着工件的轮廓，以及刀具前进方向的进给速度是所设定的速度，对于铣床来说要控制工作台和座板，对于车床来说要控制车刀较长方向的移动和交叉方向的移动。

必须同时控制移动量和移动速度。沿倾斜线前进 10 个单位时，根据倾斜角度的不同有多种方法，例如，一侧前进 8 个单位，另一侧前进 6 个单位就可以了（$10^2=8^2+6^2$）。所指示的进给速度也必须分解成两个轴各自的进给速度。

能够控制与所指示的进给速度相对应的脉冲列速度是必然的，另外还要将这个脉冲列适当地分配给两个轴。这就是二轴同时控制时的脉冲分配功能，是轮廓切削控制的显著特征。

轮廓切削控制时，若指令以目前所在位置为起点，以终点的坐标为指令值，那么就会进行下面的补间。

（1）直线补间

从起点到终点沿着倾斜线前进时，因为机床只有垂直相交的 X 轴、Y 轴、Z 轴（这里我们就以这种机床为例），所以先稍稍移动 X 轴，再稍稍移动 Y 轴，然后还是 X 轴，呈阶梯式移动。有时也会向 45° 方向移动，但就是用这种类似的手法，从起点移至终点。

用脉冲来添补从起点到终点的中间部

分，叫做脉冲补间。此时是关于直线而言的，所以叫做直线补间。

（2）圆弧补间

圆弧的情况与直线相同，若以起点为原点的终点坐标被当作指令值（包括圆弧中心的坐标）的话，通过圆弧补间，沿着那个圆弧作阶梯式移动，有时向45°方向作类似的操作。

从起点开始，沿着圆弧作类似的阶梯式动作，直至移到终点的脉冲补间（脉冲分配），就叫做圆弧补间。

（3）脉冲补间

脉冲补间有很多种方法，根据补间方式的不同可分为将45°方向的微量运动包含在内的 DDA 方式，以及只是单纯地由阶梯式移动所构成的代数运算方式。严格来讲，不同的方式会对操作精度产生影响。

3. 直线切削控制

不仅可以定位，也能够进行轮廓切削。当轮廓与 X 轴、Y 轴、Z 轴平行时，上述的直线补间、圆弧补间那样的脉冲分配功能不起作用，NC 装置也变得很简单。

只以与轴平行的切削进给（具备定位控制功能）为对象的控制方式叫做直线切削控制。

对倾斜线不作操作，所以不需要将移动量分配给两个轴，也不需要将所设定的进给速度适当分解成两个轴的速度（这叫做一轴同时控制）。NC 装置的内容就简单化了。

NC加工的实例

轴承内轮

使用机种：NC 转塔车床
被削材质：SCM
被削材尺寸：$\phi 250 \times \phi 200 \times 150$
使用工具：超硬组件（chip）
加工时间：28.7min

NC加工的实例

薄膜卷筒控制杆

使用机种：NC立式铣床

被削材质：NR1

被削材尺寸：$\phi 84 \times 55$（粗加工已完成）

使用工具：$\phi 11.3$（粗加工）、$\phi 11.5$（精加工）

主轴转速：335r/min

进给速度：70mm/min

切削时间：1周用4min。用相隔3mm的进给间隔加工

控制轴数：四轴控制（三轴同时控制）

此工件由6个圆弧和3条直线构成，因此使用通用铣床加工时，圆弧与圆弧、圆弧与直线的接缝达不到标准。

使用轮廓控制的NC立式铣床来加工的话，没有必要使圆弧中心与工作台的中心一致，连续绕一周，加工面就会很平滑。

但是，在移动过程中会进行切削，所以要遵循切削条件，控制进给速度。

直线切削控制包含了定位控制的所有功能，还具备定位控制所没有的功能。但不具备轮廓切削控制的部分功能。

———★★★————————————

数字控制轴数与同时控制轴数

由于被当作操作对象的机床轴数（进给丝杠的轴数）不同，所以NC装置所要求的控制轴数也就不同。车床包括较长方向和交叉方向的两个轴，铣床包括工作台、座板、升降台的三个轴。

即使是相同的铣床，如果同时使用NC化回转工作台，就要追加一个附加轴，成为四轴控制。

这些二轴、三轴、四轴的控制轴（有时也会是七轴）是通过定位控制来使用，还是通过直线切削控制或是轮廓切削控制来使用，轮廓是平面的还是立体式变化的，这些都决定了机床必须同时移动的进给丝杠轴的轴数（同时控制轴数）。

直线切削时，45°方向以外的切削进给都是一轴同时控制。

轮廓切削通常是二轴同时控制和三轴同时控制，但也有五轴同时控制的机床。

按照前面所讲的例子进行说明的话，五轴同时控制就是从脉冲发振器所流出的脉冲分配给五个轴的电动机，从而沿着目的曲面移动刀具。

★★★★

NC 的形式

数字控制是自动控制的一种，在自动化中，自动控制比较"指令与执行指令后所得到的结果"，进行自我检查。

赋予目标值后，没有获得与目标值相符的结果时，添补不足的指令被立即送到伺服系统，这是自动控制一般的工作模式。

这种检测信号与普通的信号不同，它是从机床向计算机系统发送，所以称作反馈信号（Feed back）。从机床移动本身来获取反馈信号的数字控制方式叫做闭环式。

另一方面，针对每一个指令脉冲，当伺服系统使用能够获得正确回转角的电动机时，并没有必要从机床移动本身来获取反馈信号。像这样不从机床获取反馈信号的方式就是开环式的 NC 控制。

★★★★★

编程

① 与能够进行高级操作的 NC 装置相对应的指令内容自然很丰富。定位控制、直线切削控制、轮廓切削控制以及用语的改变，组成了各种各样的命令，所编写的程序也随之改变。

程序能使编程人员想要有效利用 NC 机床的意志得到充分发挥。

能够使机床按照编程人员的意志进行操作，也就是说，编程人员能够直接管理生产操作是数字控制的特征和优点。

NC加工的实例

Speaker Box 用金属铸型

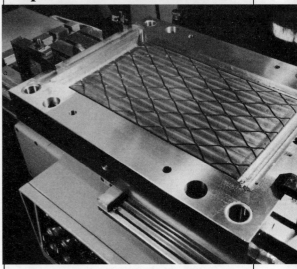

使用机种：NC 立式铣床

被削材质：S55C

雕模部分的尺寸：600mm × 500mm

程序内容：在这个加工例子的程序中，由于是在沟槽的中心轨迹进行组合，不需改变程序，通过刀具尺寸补偿功能就可以进行粗加工、半精加工以及精加工。此外，这个沟槽加工的上下方向是对称的，因此，只要执行了其中一个程序，通过控制装置的镜像功能就可以得到对称的图形。

编程时间：80min

坐标计算时间：30min

工艺过程卡制作时间：30min

纸带制作时间：20min

纸带长度：7.5m

155

NC加工的实例

圆筒凸轮

使用机种：NC 立式铣床

被削材质：FCD 55

概略尺寸：$\phi350 \times 220$

使用工具：锥度为 7° 的 $\phi35mm$面铣刀

主轴转速：330r/min

进给速度：50mm/min

切削时间：18h

控制轴数：四轴（二轴同时控制）

通过圆筒凸轮的旋转，随动机绕机体作圆弧运动。在程序上是将随动机当作刀具进行切削，但是当圆筒凸轮的旋转转换到 B 轴，随动机的操作转换到 X 轴以及 Y 轴上时，就需要三轴同时控制的机床。但这个圆筒凸轮已经把在三轴同时控制机床上应该操作的地方设置到允许偏差的范围内，因此利用二轴同时控制也可以进行加工。

对于数字控制来说，编写一个程序，使其达到零件的预定加工时间，大部分情况下都能获得相近的结果。

② 程序中有移动指令。编程时，对于移动指令数值，有使用绝对坐标值的绝对方式和使用增量值的增量方式。

在进行铣刀加工操作的零件图样上，有很多尺寸线和尺寸数值。而尺寸的标记方法大多采用增量式，因此，与铣床相配套的 NC 装置也多采用增量式的运算电路。

在这种图样上标记绝对坐标尺寸的话，图样就会变得乱七八糟，很难辨认，而将增量式的尺寸值改变为绝对坐标值的话也需要花费很多时间和力气。所以，铣床操作采用增量式的 NC 装置很方便。

在使用车床对圆形物体进行切削的图样上，有绝对坐标值的尺寸，也有增量值的尺寸。因此，有的车床用 NC 装置可以用绝对式和增量式两种方式。

③ 日语中的和服与富士山已经直接变为国际语言了，例如，查法语字典可以直接查到 kimono（日本和服）。

由此我们可以知道，表现同一种事物的文字（代码、符号）也有很多种。

按照"N101 X12345 F060 *"的指令在纸带上穿孔，EIA 代码与 ISO 代码两种方式的每个文字、孔数以及孔的位置组合都不一样。

NC 使用的代码有 EIA 代码和 ISO 代码两种。

伺服系统

NC 装置通过纸带阅读机读取了写有编程人员想法的指令纸带后，在 NC 装置中编程人员的想法就会变成流动的信号。

有时，信号就像是弹珠机的弹珠一样断断续续地传送过来。而另一方面，如果机床不能够顺畅地、连续地移动的话就会出现问题。

在伺服系统中，断续的信号（数字量）被转换为连续的移动（模拟量）。此外，微弱的信号不能够使机床移动，为了使机床移动，在伺服系统中需要进行力的扩大。

伺服系统作为 NC 的主要要素，已经开发出多种多样的形式。

NC加工的实例

三层印制版

使用机种：精密钻床

钻头直径：0.8mm、精加工 0.7mm

孔的个数：700

加工时间：每个孔用 3s

$$700 \times 3s = 2100s = 35min$$

控制轴数：二轴（一轴同时控制）

随着 IC（集成电路）的出现，对多层印制版的需求量急速增加。多层印制配线基板是指将过去的平面的、二维配线的印制基板改为立体的、三维配线的印制基板，电路密度大大提高。

因此，孔的个数也从4000 个增至 5000个，孔螺距的精度为 2.5mm/100mm，对于孔的位置不容许出现哪怕是一个错误。

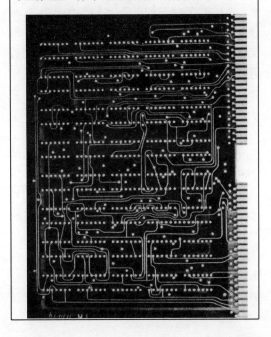

今后的

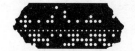

NC

─★────────────

自动编程

NC 机床对于加工形状复杂的零件有很大的作用。但是，使用 NC 可以通过制作纸带（现在已基本不用）。而指令需要使用数值来表示，就产生了用数值表示复杂的形状、求得图形上的某一点等操作，这需要进行大量的计算。

现在，大量的、繁琐的计算已经全部交给电子计算机来做了。这是自动编程功能的其中一个。

电子计算机不仅仅是代替手动计算和算盘来进行计算。与 NC 程序所使用的语言相比，使用更人性化的、我们所习惯使用的语言来编程，再将人性化的文章（程序）在计算机中翻译成计算机式的语言，通过用这个程序来计算并决定刀具中心通过的路径。这类似于用计算机来决定阿波罗的轨道。

接着，将确定下来的路径转换成 NC 装置用语，再按照这个转换过来的用语在纸带上穿孔，制作 NC 指令纸带。以上的过程就是自动编程。

为了能够完成上述操作，需要掌握自动编程用语。也就需要各种命令（命令的集合就是计算机的程序）使计算机按照转换过来的用语翻译文章。计算机根据数据进行计算，这需要类似于指导书的计算机用程序。

那么，在计算机中刀具中心路径的命令程序就确定下来了。

这个命令由德国人执行的话就需要再转换成德语，由法国人执行的话则转换成法语。但是，现在是以 NC 装置为对象，所以根据 NC 装置机种的不同，按照功能再转换成 NC 装置用的程序，制作出最终想要的 NC 纸带。

使进行这些操作的计算机语言被重新制作，即为人造语言。而且，它没有"你好"式的语言，只采用机床加工所需的各种各样的表达方式。

现在，计算机已经可以理解人类所用的语言表达方式了，如点、直线、圆等。让我们来举一个例子。

例如，将一个点输入到计算机，计算机就会牢牢记住那个点的位置。假设事先已经输入的点有两个，"经过点 $P1$ 和 $P2$ 的直线为 $S1$"，那么计算机就能够记住直线 S1。

或者，"以点 P1 为圆心，画经过点 P2 的圆 C1"，那么计算机就会记住圆是 C1。

同样，如果以后的加工需要 C1 与另一条直线 S3 的交点，那么"C1 与 S3 右侧（R）的交点为点 P5"、"左侧（L）的交点为点 P6"，那么计算机就会立即通过计算记住两个交点的位置（坐标）。此外，如果需要知道点 P5、P6 的坐标，计算机也会立即为我们做出答案。

这些如果是由台式计算机进行手动计算的话，会花费很多时间。换成电子计算机，会在瞬间内完成计算。

总之，自动编程的过程是：用我们平常使用的表达方式或者记号来编写程序，按照编写好的程序在纸带或卡上穿孔，并由计算机读取，计算机再制作出 NC 装置用的纸带。

自动编程的演变

此前所讲述的自动编程，只是关于手动编程中的"按照图形移动刀具"这个操作。而对于切削条件，还是和之前讲的一样，编程人员根据自己的经验来决定，且必须在最初的程序（是关于零件的程序，因此将这个程序称为零件加工程序）中填入切削条件。

▲ 自动编程装置的例子

但是，计算机记住了"棋谱"，有的时候下棋也会胜过人类。这是因为，针对所有的条件，何时该走哪一步都已经经过专家们的讨论，并存储在计算机中了。

计算机并不是遇到情况后才作思考，而是已经把所有的情况存储在计算机的解答中并记忆下来。所做的操作只是检测现在所遇到的情况是记忆装置中的哪一种。检测结束，即可给出答案。

在公安局存储着大量的指纹资料，只要知道指纹，就可以查出谁是罪犯。

因此，关于机床加工，只要将"此时使用此工序"、"用此切削条件"等人们的经验存储进计算机中，它就会进行可利用的自动编程。这样，计算机不只是与零件的图形尺寸相对应进行移动，还能够按照切削工序和切削条件自动编程，不需要麻烦编程人员就可以为我们决定程序。

同样，开孔加工也是如此，原材料表面是粗糙的还是精加工的，将其作为数据预先输入，这样，在钻头加工之前就可以通过自动编程来判定是否需要通过加工中心加工，刀具的选择也可以自动决定。再如，将下面的孔已经被打开的事实作为数据预先输入，那么钻孔工序就会被选为最初的工序。

目前，这样便利的程序已经被研发出了一部分，我们正致力于更深一层的研发工作。

★★★

自适应控制（AC）

热的时候，我们会通过出汗自动调节体温。冷的时候就会起鸡皮疙瘩，这是由于植物性神经的作用，皮肤下层的某种肌肉为了调整体温而收缩的结果。

同样，为适应工件的条件（是硬还是软，切削部分是多还是少等切削的环境），计算机会自动改变切削条件，这就是自适应控制（Adaptive Control，即AC）。

NC只能按照程序进行运转，而如果在加工过程中出现材料性质发生改变、产生裂缝、切削温度升高、刀具磨耗大等情况的话，还是得由操作工来进行适当的处理。AC则可以代替操作工进行判断。

▲自适应控制机床的例子

今后要开发出它更多的功能。

CNC 与 DNC

CNC 与 DNC 也是今后 NC 发展的一个目标。

让我们再回忆一下 NC 的结构。根据其中计算机系统功能的大小，来决定使用哪个方式，是定位控制、直线切削控制还是轮廓切削控制。

如果将这个部分换成通用计算机来操作的话，那么 NC 就会与此前大不相同，变得功能强大且能使用各种方式，具有灵活性，由此就产生了由计算机直接控制的 NC 装置。

这就是 CNC（Computer NC）。

此外，利用计算机能够存储很多记忆并且能很快作出回答的特点，将大量的 NC 用程序存进计算机中，用一台计算机就可以一次控制很多机床。

这就是 DNC（Direct NC：群管理）。

在东京站，A 购得了自己想要的"光明号"列车的车票，而就在旁边的窗口，B 也同时购得了自己想要的卧铺车票。也许就在此时，鹿儿岛车站的一台电脑上也正在打出北行列车的车票。

即使 DNC 无法实现自动化，对于节省劳力的工厂来说也是一个重要的手段。

仅用 30 个人来管理 20 万 t 乃至 30 万 t 的油轮，对现在来说，那绝不是一个遥远的梦。

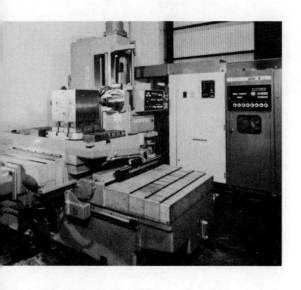

▲CNC 的例子

▲DNC 的例子（印制线路模板 Production master）